普通高等院校计算机辅助设计"十三五"系列规划教材

MATLAB 基础应用案例教程

姜增如 编著

北京理工大学出版社
BEIJING INSTITUTE OF TECHNOLOGY PRESS

内 容 简 介

本书以 MATLAB R2018b 为操作环境，结合计算机语言基础应用，将每个章节通过案例进行讲解，由浅入深、通俗易懂。本书共分为 9 章，从介绍最基本的窗口操作开始，逐步由函数应用过渡到程序设计、仿真、UI 界面设计、App 设计。所有例程均内嵌程序命令、注释、说明和运行结果，以便读者在学习过程中边学边操作，从而快速掌握 MATLAB R2018b 的使用技巧。

全书不仅包括窗口操作、矩阵运算、符号运算、数学函数应用、程序设计基础知识，还包括二维/三维绘图、动画设计、Simulink 仿真、UI 设计和 App 的人机交互界面设计内容，适合理工类所有专业学生使用，可作为计算机语言的开启课程教材。

版权专有　侵权必究

图书在版编目（CIP）数据

MATLAB 基础应用案例教程／姜增如编著 . —北京：北京理工大学出版社，2019.7 （2019.8 重印）

ISBN 978 – 7 – 5682 – 7300 – 8

Ⅰ.①M… Ⅱ.①姜… Ⅲ.①Matlab 软件 – 教材 Ⅳ.①TP317

中国版本图书馆 CIP 数据核字（2019）第 143385 号

出版发行 /	北京理工大学出版社有限责任公司
社　　址 /	北京市海淀区中关村南大街 5 号
邮　　编 /	100081
电　　话 /	（010）68914775（总编室）
	（010）82562903（教材售后服务热线）
	（010）68948351（其他图书服务热线）
网　　址 /	http：//www.bitpress.com.cn
经　　销 /	全国各地新华书店
印　　刷 /	唐山富达印务有限公司
开　　本 /	787 毫米×1092 毫米　1/16
印　　张 /	16.25
字　　数 /	383 千字
版　　次 /	2019 年 7 月第 1 版　2019 年 8 月第 2 次印刷
定　　价 /	43.80 元

责任编辑／梁铜华
文案编辑／曾　仙
责任校对／周瑞红
责任印制／李志强

图书出现印装质量问题，请拨打售后服务热线，本社负责调换

前　言

　　MATLAB R2018b 是 Mathworks 官方于 2018 年发布的新版本商业数学软件，该软件是一种编程语言和可视化工具，可以解决工程计算、控制设计、信号处理与通信、图像处理、信号检测、金融建模设计与分析等多个领域的问题。该软件帮助用户不仅能将自己的创意停留在桌面，而且能对大型数据集运行分析，并扩展到群集和云。该版本比以前的版本有更多数据分析、机器学习和深度学习选项，且运行代码速度达到了两年前的两倍，还增加了 App Designer 图形界面交互。

　　学习本书不需要任何语言基础，使用系统提供的 600 多个库函数即可轻松完成复杂编程，在命令行窗口输入一个函数名即可绘制需大量程序代码才可实现的图形。例如，输入 "peaks"，即可绘制山峰图；输入 "sphere"，即可绘制球体图。工具包都是现成的，直接调用即可，从而大大减少了编程工作量。因此，相较于其他程序语言，该软件的操作更简单，更易上手。此外，本书中的图形、图像的动画设计、三维网格、网面图、色彩的渲染、光照效果及人机交互界面的展示，不仅有助于增强学习的可视性，还有助于提高学习的趣味性。

　　本书以培养学生的基本操作技能、综合应用能力和创新能力为目标，以边讲解边操作的形式展开，系统讲解了基础操作和算法应用，是理工科大专院校学生不可缺少的教材，也可作为理论教学、实验、学校通识课的参考书。本书的最大特色是案例教学，书中列举了大量函数及应用案例，将 MATLAB 软件与基础应用融为一体，既有助于学生学习 MATLAB 编程方法，又为其学习算法提供支持。本书配有相应的演示文稿课件和章节习题，可供课堂教学和学生自学。

　　本书凝聚了笔者多年的理论及实践教学经验，力求将计算机软件应用与理论分析进行有机结合。由于时间仓促，书中难免出现错误，敬请读者批评指正。

　　联系方式：jiang5074@bit.edu.cn。

CONTENTS 目录

第1章 MATLAB R2018b 简介 （1）
1.1 MATLAB 主要功能 （1）
1.2 MATLAB R2018b 主窗口 （2）
1.2.1 主界面 （2）
1.2.2 工具栏 （4）
1.3 窗口操作 （6）
1.3.1 常用窗口操作命令 （6）
1.3.2 常用快捷方式 （8）
1.4 帮助窗口 （8）
1.4.1 help 命令 （8）
1.4.2 demo 命令 （8）

第2章 MATLAB 矩阵与数组 （10）
2.1 变量的使用 （10）
2.1.1 常量表示 （10）
2.1.2 新建变量 （11）
2.1.3 变量命令规则 （11）
2.1.4 全局变量 （11）
2.1.5 数据类型 （12）
2.1.6 常用标点符号及功能 （14）
2.2 矩阵表示 （15）
2.2.1 矩阵的建立方法 （15）
2.2.2 向量的建立方法 （15）
2.2.3 常用特殊矩阵函数 （16）
2.2.4 稀疏矩阵 （18）
2.2.5 矩阵拆分 （21）
2.3 矩阵基本运算 （22）

2.3.1　求矩阵的秩、迹和条件数 ………………………………………………（22）
　　2.3.2　求矩阵的逆 ………………………………………………………………（23）
　　2.3.3　求矩阵的特征值和特征向量 ……………………………………………（24）
　　2.3.4　矩阵运算 …………………………………………………………………（24）
　　2.3.5　求矩阵最大、最小值及矩阵的排序 ……………………………………（28）
　　2.3.6　求矩阵平均值和中值 ……………………………………………………（31）
　　2.3.7　求矩阵元素和与积 ………………………………………………………（32）
　　2.3.8　求元素累加和与累乘积 …………………………………………………（32）
2.4　MATLAB 常用函数 ………………………………………………………………（33）
　　2.4.1　随机函数 …………………………………………………………………（33）
　　2.4.2　数学函数 …………………………………………………………………（34）
　　2.4.3　转换函数 …………………………………………………………………（37）
　　2.4.4　字符串操作函数 …………………………………………………………（38）
　　2.4.5　判断数据类型函数 ………………………………………………………（39）
　　2.4.6　查找函数 …………………………………………………………………（40）
　　2.4.7　测试向量函数 ……………………………………………………………（41）
　　2.4.8　日期时间函数 ……………………………………………………………（42）
　　2.4.9　文件操作函数 ……………………………………………………………（44）
　　2.4.10　句柄函数 …………………………………………………………………（45）
2.5　MATLAB 数组表示 ………………………………………………………………（45）
　　2.5.1　结构体数组 ………………………………………………………………（45）
　　2.5.2　元胞（单元）数组 ………………………………………………………（48）
2.6　数组集合运算 ……………………………………………………………………（50）
　　2.6.1　交运算 ……………………………………………………………………（50）
　　2.6.2　差运算 ……………………………………………………………………（51）
　　2.6.3　并运算 ……………………………………………………………………（51）
　　2.6.4　异或运算 …………………………………………………………………（51）

第3章　多项式与符号计算 ………………………………………………………（53）

3.1　多项式表示 ………………………………………………………………………（53）
　　3.1.1　直接建立多项式 …………………………………………………………（53）
　　3.1.2　使用函数建立多项式 ……………………………………………………（53）
3.2　多项式算术运算 …………………………………………………………………（54）
　　3.2.1　多项式的加减运算 ………………………………………………………（54）
　　3.2.2　多项式的乘除运算 ………………………………………………………（54）
3.3　多项式求根 ………………………………………………………………………（55）
　　3.3.1　求多项式特征值（多项式的根）………………………………………（55）
　　3.3.2　求特征多项式系数 ………………………………………………………（55）
3.4　多项式求导 ………………………………………………………………………（56）
3.5　多项式求解 ………………………………………………………………………（56）

3.5.1　计算多项式数值解 ·· （56）
　　3.5.2　多项式拟合解 ·· （57）
3.6　MATLAB 中的符号运算 ··· （58）
　　3.6.1　建立符号变量与符号表达式 ··· （58）
　　3.6.2　符号基本运算 ·· （60）

第 4 章　MATLAB 在高等数学中的计算 ·· （65）

4.1　傅里叶变换与反变换 ··· （65）
　　4.1.1　傅里叶变换 ·· （65）
　　4.1.2　傅里叶反变换 ·· （65）
4.2　拉普拉斯变换与反变换 ··· （66）
　　4.2.1　拉普拉斯变换 ·· （66）
　　4.2.2　拉普拉斯反变换 ·· （66）
4.3　Z 变换与 Z 反变换 ··· （67）
　　4.3.1　Z 变换 ·· （67）
　　4.3.2　Z 反变换 ·· （67）
4.4　求极限 ··· （67）
4.5　求导数 ··· （68）
4.6　求积分 ··· （69）
　　4.6.1　使用 int 函数求积分 ··· （69）
　　4.6.2　使用 quad、quadl 函数求积分 ··· （71）
4.7　求零点与极值 ·· （72）
　　4.7.1　求零点 ·· （72）
　　4.7.2　求极值 ·· （73）
4.8　求方程的解 ·· （73）
　　4.8.1　线性方程组求解 ·· （73）
　　4.8.2　符号代数方程求解 ·· （74）
　　4.8.3　常微分方程（组）的求解 ··· （75）
4.9　级数 ··· （77）
　　4.9.1　级数求和 ·· （77）
　　4.9.2　一元函数的泰勒级数展开 ··· （77）
4.10　函数插值 ·· （78）
　　4.10.1　一维插值 ·· （78）
　　4.10.2　二维插值 ·· （81）
　　4.10.3　三维插值 ·· （83）

第 5 章　MATLAB 程序设计应用 ··· （84）

5.1　编辑器及数据输入/输出 ··· （84）
　　5.1.1　程序编辑器 ·· （84）
　　5.1.2　数据输入 ·· （84）
　　5.1.3　数据输出 ·· （85）
5.2　命令的流程控制 ·· （87）

		5.2.1 顺序结构	(87)
		5.2.2 选择结构	(87)
		5.2.3 循环结构	(93)
		5.2.4 try 语句	(99)
	5.3	MATLAB 源文件	(99)
		5.3.1 脚本文件与函数文件	(99)
		5.3.2 函数文件的基本使用	(100)
		5.3.3 函数文件的嵌套使用	(102)
	5.4	文件操作	(105)
		5.4.1 文件的打开	(106)
		5.4.2 二进制文件的读写	(106)
		5.4.3 文件的关闭	(108)
		5.4.4 文本文件的读写	(108)
		5.4.5 文件定位和文件状态	(110)
		5.4.6 按行读取数据	(111)

第 6 章　MATLAB 在绘图中的应用 (112)

	6.1	二维绘图功能	(112)
		6.1.1 绘制函数曲线	(112)
		6.1.2 使用图形对象及句柄绘图	(117)
		6.1.3 绘制对数坐标图	(119)
		6.1.4 绘制特色二维图	(120)
		6.1.5 绘制符号函数曲线	(121)
	6.2	三维绘图功能	(124)
		6.2.1 网格矩阵的设置	(124)
		6.2.2 绘制常规三维图	(126)
		6.2.3 绘制三维网格图与曲面图	(128)
		6.2.4 绘制三维空间曲线	(131)
		6.2.5 绘制特殊三维立体图	(132)
		6.2.6 图形颜色的修饰	(135)
		6.2.7 色彩的渲染	(136)
		6.2.8 设置光照效果	(137)
		6.2.9 设置等高线及垂帘	(139)
	6.3	创建动画过程	(139)
		6.3.1 设置三维图形姿态	(139)
		6.3.2 使用动画函数	(140)
		6.3.3 创建动画步骤	(141)
	6.4	图像视频	(145)
		6.4.1 图像文件操作	(145)
		6.4.2 视频实现	(145)
		6.4.3 读取视频文件操作	(146)
		6.4.4 视频文件操作	(148)

第 7 章 Simulink 仿真基础应用 (150)

7.1 Simulink 仿真界面及模型 (150)
- 7.1.1 仿真界面及模型仿真 (150)
- 7.1.2 基本模块 (153)

7.2 模块参数设置 (157)
- 7.2.1 基本参数设置 (157)
- 7.2.2 模块属性设置 (164)
- 7.2.3 仿真参数设置 (164)

7.3 Simulink 仿真命令 (167)
- 7.3.1 线性化处理命令 (167)
- 7.3.2 构建模型命令 (167)
- 7.3.3 与 .m 文件组合仿真 (170)

7.4 子系统的封装 (175)

7.5 与 S 函数组合仿真 (179)
- 7.5.1 S 函数的结构 (179)
- 7.5.2 S 函数操作 (181)
- 7.5.3 S 函数应用案例 (182)

7.6 与函数模块组合仿真 (185)

第 8 章 MATLAB 在界面设计中的应用 (188)

8.1 图形用户界面开发环境 (188)
- 8.1.1 创建界面应用程序方法 (188)
- 8.1.2 使用空白界面建立 GUI 应用程序 (189)
- 8.1.3 使用控制界面建立应用程序编辑 (192)
- 8.1.4 使用坐标轴和菜单建立应用程序 (193)
- 8.1.5 使用信息对话框界面建立应用程序 (193)
- 8.1.6 创建标准对话框 (195)

8.2 MATLAB 句柄式图形对象 (197)
- 8.2.1 句柄式图形对象 (197)
- 8.2.2 创建图形句柄的常用函数 (200)

8.3 回调函数 (201)
- 8.3.1 回调函数格式 (201)
- 8.3.2 回调函数的使用 (202)

8.4 控件工具及属性 (205)
- 8.4.1 GUI 控件对象类型及描述 (205)
- 8.4.2 控件对象控制属性 (205)
- 8.4.3 载入静态图片与动态图片 (208)

8.5 界面设计案例 (210)

8.6 App 的应用 (217)
- 8.6.1 App 设计工具 (217)
- 8.6.2 App 交互常用组件及属性 (217)

8.6.3　创建 App 界面案例 ……………………………………………………………(219)
8.7　菜单设计 ………………………………………………………………………………(226)
　　8.7.1　弹出式菜单 …………………………………………………………………(226)
　　8.7.2　下拉式菜单 …………………………………………………………………(228)
　　8.7.3　快捷菜单 ……………………………………………………………………(233)
8.8　对话框设计 ……………………………………………………………………………(234)
　　8.8.1　对话框操作 …………………………………………………………………(234)
　　8.8.2　专用对话框 …………………………………………………………………(236)

第 9 章　MATLAB 与其他程序的调用 ……………………………………………………(240)

9.1　MATLAB 与外部数据和程序交互组件 ……………………………………………(240)
　　9.1.1　应用程序接口介绍 …………………………………………………………(240)
　　9.1.2　交互文件 ……………………………………………………………………(240)
9.2　MATLAB 调用 C 程序 ………………………………………………………………(242)

参考文献 ………………………………………………………………………………………(247)

第1章 MATLAB R2018b 简介

MATLAB 软件平台以接近自然语言及友好的交互界面深受用户喜爱，主要应用于工程计算、图像处理、控制系统设计、信号处理与通信、信号检测、金融建模设计与分析等领域。1992 年年初，适用于 Windows 操作系统的 MATLAB 4.0 版本被推出，经过后来多次升级，系统提供的应用工具箱和功能函数不断扩大，更加易于用户使用和掌握。MATLAB R2018b 版本是于 2018 年发布的产品，主要包括代码编程和 Simulink 两大部分，它将数值分析、矩阵计算、科学数据可视化、非线性动态系统的建模和仿真，以及 App 界面设计等诸多强大功能集成在一个窗口环境。它提供大量矩阵运算、绘图、算法、UI 用户界面、App 及连接其他编程语言的接口函数，为众多工程设计人员实现系统设计、仿真和人机交互提供了一种全面的解决方案，已成为数学类科技应用软件中首屈一指的平台。

1.1 MATLAB 主要功能

MATLAB 除了提供命令行窗口外，还提供脚本编辑器，通过命令或调用系统函数来建立文件。该文件具有结构控制、函数调用、数据结构、输入输出、面向对象等语言特征，称为系统的源文件（.m 文件）。

MATLAB R2018b 在数值计算、数学建模、图像处理、控制系统设计、动态仿真、语音处理、数字信号处理、人工智能基础上，还增加了深度学习的神经网络功能，且可实现图像中的像素区域分类和语义分割的功能。

1. guide 命令

使用"guide"命令，可构建完全具有二维和三维基本图形和应用程序，它是 MATLAB 为开发 GUI 界面集成的开发环境，包括常用的文本、下拉列表、组合框、按钮及坐标轴等控件。

2. 设计环境

使用设计环境，可扩展 UI 组件集、建立可视化的界面应用程序，也可构建带有线条图和散点图的应用界面。保存时，自动存储为 .fig 文件，并同时自动生成 .m 文件。

3. 接口函数

接口函数与其他多种语言程序连接与嵌入后，成为应用研究开发的交互式平台，可完成数据交互。

4. Simulink

使用 Simulink 进行仿真，可建立各种仿真模型，搭接各种被控对象，使用多种输入、输出手段进行仿真。

5. 工具箱

使用信号处理、图像处理、通信、鲁棒控制、频域系统辨识、优化、偏微分方程、控制系统等近百个工具箱，无须编写程序，即可实现复杂的计算、绘图和数据处理功能。此外，用户还可结合自己的工作需要，开发自己的应用程序或工具箱。

6. App

使用 App，可以完成丰富的人机对话交互，结合 MATLAB R2018b 提供的仪表组件，可以编写模拟仪器、仪表盘、图形化的用户界面，再使用回调函数 Callback 完成数据交互。

1.2 MATLAB R2018b 主窗口

在 MATLAB R2018b 中，窗口是处理应用程序的基本单元，用户在窗口中既可以执行命令、也可以编写、修改、运行应用程序，还能进行数据和应用程序一体化的管理。

1.2.1 主界面

主界面窗口由 6 部分组成，即主页工具栏窗口、命令行窗口、工作区窗口、命令历史记录窗口、当前文件夹窗口以及当前已选择的文件详细信息窗口。MATLAB R2018b 主界面中的命令行窗口、当前文件夹窗口、工作区窗口与早期版本相比，保持了原有风格，但在菜单功能方面有了很大提升。MATLAB R2018b 主界面如图 1.1 所示。

1. 命令行窗口

命令行窗口是对 MATLAB 进行操作的主要窗口，也是主要交互窗口，用于输入 MAT-LAB 命令、表达式、函数、数组、计算公式，并显示图形以外的所有计算结果及程序错

图 1.1　MATLAB R2018b 主界面

误信息。默认情况下，启动 MATLAB 时就会打开它。

MATLAB 的所有函数和命令都在" >> "提示符下输入，用到的变量无须定义，且都以矩阵（数组）形式出现。命令行窗口可根据需要随时更改大小，如同在稿纸上书写数学算式那样。在计算中，可使用函数替代复杂公式，语句书写简便快捷，写出命令后，只要按〈Enter〉键，立即就能在窗口中得出该命令的结果，如图 1.2 所示。

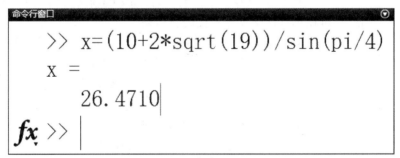

图 1.2　命令行窗口

2. 顶部工具栏

顶部工具栏分若干个功能模块，包括文件设置、变量设置、代码分析、Simulink（仿真）、环境设置、资源设置等。例如，在变量设置中可以导入其他文件中的数据或打开现有变量。

3. 当前文件夹窗口

左侧上方的当前文件夹窗口显示当前文件夹及当前文件夹下的文件，包括文件名、文件类型、最后修改时间以及该文件的说明信息。MATLAB 只执行当前文件夹或搜索路径下的命令、函数与文件。

4. 历史命令记录窗口

右侧工作区为历史命令记录窗口，记录用户每一次开启 MATLAB 的时间，以及每一次开启 MATLAB 后，在指令窗口中运行过的所有指令行。这些指令行记录可以被复制到指令窗口中再运行，从而避免重新输入。

1.2.2 工具栏

MATLAB R2018b 的工具栏在主窗口的顶部，默认如图 1.3 所示。

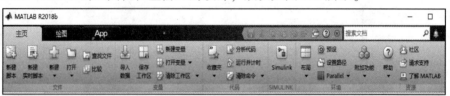

图 1.3 工具栏

1. 新建脚本

单击工具栏"新建"按钮，通过弹出的下拉列表，可新建脚本（.m 程序文件）、函数、应用程序文件（图形界面）等，如图 1.4 所示。

图 1.4 "新建"菜单

各功能如下：

- 脚本：与"新建脚本"按钮的功能相同，用于编写程序文件。
- 实时脚本：以扩展名为 .mlx 的新文件格式来存储在线脚本，可在脚本编辑器查看代码和结果。
- 函数：使用"function 函数名 …end"构造函数或函数文件。
- 实时函数：展示系统描述编程规则一个示例。
- 类：使用"class def …end"构造类或类文件。
- System object：构造系统对象，包括类、函数、属性等。
- 图窗：建立用于绘图的窗口。
- App：用于设计 UI 界面，制作人—机交互接口。
- Simulink Model：用于建立模型仿真文件并进行仿真。
- Stateflow Chart：用流程图来构建组合时序逻辑决策模型并进行仿真，包括动画及静态状态流图。
- Simulink Project：用于建模、仿真和分析动态系统的软件包。

2. 保存工作区

用户可将工作区的变量以 matlab.mat 的文件形式保存，以备在需要时再次导入。保存工作区既可以通过菜单、save 命令或快捷菜单进行，也可以在工作区浏览器中，右键单击需要保存的变量名，在弹出的快捷菜单中选择"Save As…"，则将该变量保存为 .mat 文件在相应当前文件夹中。

3. 导入数据

在编写一个程序时，经常需要从外部读入数据，或者将 mat 文件再次导入工作区，也可以通过其他程序调用。

4. 预设

单击工具栏的"预设"按钮，弹出"预设项"对话框，如图 1.5 所示。通过该对话框，可设置各个窗口的颜色、字体、编辑、调试、帮助、附加功能、快捷键等。

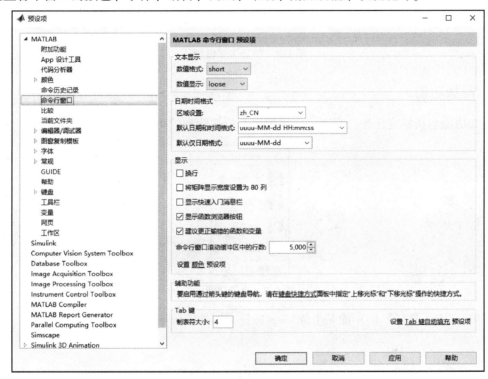

图 1.5 "预设项"对话框

"预设项"对话框分为左、右窗格，左侧为设置项，右侧为设置参数。选择设置项后，即可设置对应的参数。例如：

（1）单击"字体"项，可以进行字体设置，包括 command 窗口，脚本编辑器窗口字体。如图 1.6 所示，设置脚本编辑器及命令行窗口字体为 24 号。

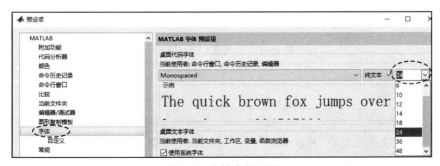

图 1.6 字体参数设置

(2) 单击"键盘"项的"快捷方式",可以设置各种操作的快捷方式,如图 1.7 所示。

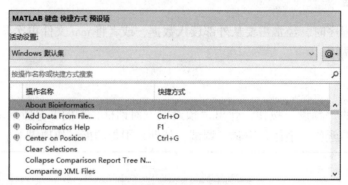

图 1.7　快捷方式设置

5. 附加功能

附加功能包括特定任务、交互式应用程序和资源管理的扩展功能,如图 1.8 所示。

图 1.8　附加功能

其中,"App 打包"的功能是生成 .exe 文件,以便能脱离 MATLAB 环境运行。

1.3　窗口操作

1.3.1　常用窗口操作命令

MATLAB 的常用窗口操作命令如表 1-1 所示。

表 1-1　常用窗口操作命令

命令	说明	命令	说明
clc	清除指令窗口	dir	可以查看当前工作文件夹的文件
clf	清除图形对象	save	保存工作区或工作区中的任何指定文件
clear	清除工作区所有变量,释放内存	load	将 .mat 文件导入工作区
type	显示指定文件的所有内容	hold	控制当前图形窗口对象是否被刷新

续表

命令	说明	命令	说明
clear all	清除工作区的所有变量和函数	quit/exit	退出 MATLAB 系统
whos	列出工作空间中的变量名、大小、类型	close	关闭指定窗口
who	只列出工作空间中的变量名	which	列出文件所在文件夹
what	列出当前文件夹下的 .m 和 .mat 文件	path	启动搜索路径
delete	删除指定文件	%	注释语句
help	显示帮助信息	cd	显示当前文件夹

说明：

(1) 在"命令行窗口"输入命令，回车即可执行，每行可写入一条或多条命令。多条命令用分号隔开，但添加分号后的变量结果不显示在屏幕上。例如，

```
clear x,y,z              %清除指定的x,y,z变量
```

(2) save 命令可将工作区中的所有变量保存在文件中，文件名为 matlab.mat。

(3) 若命令出现错误，则必须重新输入；在按〈Enter〉键后，已输入的命令不能修改；输入的命令和运行的结果不能保存。

【例 1-1】 计算 $y = \dfrac{3\cos(\pi/3) + 12^3}{1 + \sqrt{29}}$。

程序命令：

```
>>clc;
>>y = (3 * cos(pi/3) + 12^3)/(1 + sqrt(29))
```

结果：

```
y = 270.8622
```

说明：

pi 表示 π；sqrt( ) 为求平方根函数；^表示求幂。

【例 1-2】 存储命令 save 和导入命令 load 的使用。

程序命令：

```
>>x = [0:0.1:5]              %x 从 0 到 3,每隔 0.1 取一个值
>>y = cos(x)                 %计算每个 x 值的余弦值
>>save filexy x y            %把变量 x、y 存入 filexy.mat 文件
>>z = 'study MATLAB R2018b'  %将字符串赋给 z 变量
>>save filexy z - append     %把变量追加存入 filexy.mat 文件
>>clear                      %清空工作间的所有变量
>>load filexy                %调用 filexy.mat 文件到工作间
>>save filexy - ascii        %把 filexy 文件存储为文本文件
```

说明：

使用存储命令时，应先右键单击该命令，在弹出的快捷菜单中选择以管理员方式打开。否则，将出现"错误使用 save，无法写入文件 filexy：权限被拒绝"提示信息。

1.3.2 常用快捷方式

MATLAB 的常用快捷方式如表 1-2 所示。

表 1-2 常用快捷方式操作说明

快捷方式	说明	快捷方式	说明
〈Ctrl + Z〉	返回上一项操作	〈Ctrl + C〉	中断正在执行的命令
〈Ctrl + B〉	光标向前移动一个字符	〈Ctrl + K〉	删除到行尾
〈Ctrl + Q〉	强行退出 MATLAB 系统和环境	〈Ctrl + U〉	清除光标所在行
〈Ctrl + E〉	光标移到行尾	〈Ctrl + P〉	调用打印窗口
〈Home〉	光标移动到行首	〈End〉	光标移动到行尾

1.4 帮助窗口

1.4.1 help 命令

在命令行窗口输入"help",将列出所有帮助主题,每个帮助主题对应 MATLAB 搜索路径中的一个文件夹,如图 1.9 所示。

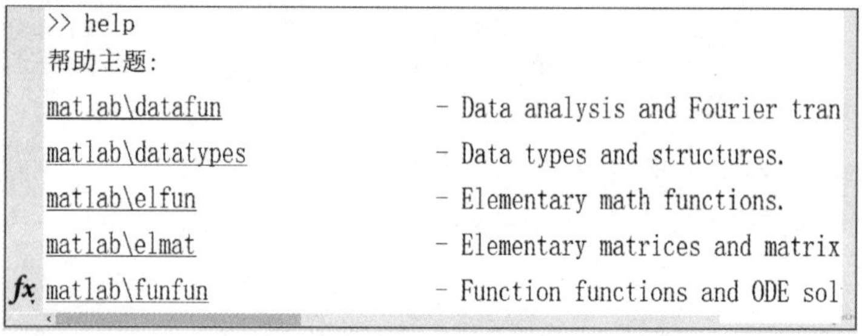

```
>> help
帮助主题:
matlab\datafun       - Data analysis and Fourier tran
matlab\datatypes     - Data types and structures.
matlab\elfun         - Elementary math functions.
matlab\elmat         - Elementary matrices and matrix
matlab\funfun        - Function functions and ODE sol
```

图 1.9 帮助主题窗口

说明:
(1) 在"help"后加帮助主题,可获得指定帮助主题的帮助信息。
(2) 在"help"后加函数名,可获得指定函数的帮助信息。
(3) 在"help"后加命令名,可获得指定命令的用法。

1.4.2 demo 命令

在命令行窗口中输入 demo 命令,将打开帮助案例对话框,如图 1.10 所示。其中,对话框的左侧是帮助主题,右侧是帮助主题对应的帮助演示。

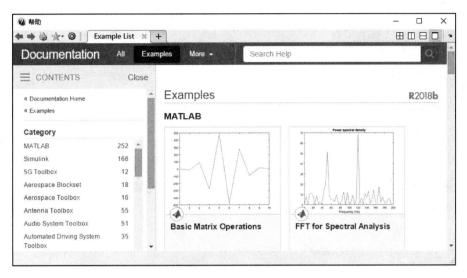

图 1.10　demo 帮助案例对话框

从对话框的案例中,可以打开案例文档来学习 MATLAB 的使用规则,以便快速掌握 MATLAB 的操作方法。

第 2 章 MATLAB 矩阵与数组

MATLAB 是被称为"演算纸"式的高级语言，具有语句简单、移植性好、开放性好、内涵丰富及高效等特点。在 MATLAB 中，所有代数计算都是基于矩阵运算的处理工具，它把每个变量都看成矩阵，即以矩阵作为基本单位，但无须预先指定维数，对于一个常数，就将其看作一个 1×1 矩阵。

例如，在语句"A=1;B=2;C=A+B"中，将 A、B、C 都看作矩阵，执行的是矩阵相加运算。即使 A、B 是数组变量，也无须定义维数，直接使用即可。

2.1 变量的使用

2.1.1 常量表示

MATLAB 的常量表示如表 2-1 所示。

表 2-1 常量表示

命令	功能
pi	圆周率 π 的双精度浮点型表示
Inf	无穷大，∞ 写成 Inf，-∞ 写成 -Inf
NaN	不定式，代表"非数值量"，通常由 0/0 或 Inf/Inf 运算得出
eps	正的极小值，eps = 2^{-32} 大约是 2.22×10^{-16}
realmin	最小正实数
realmax	最大正实数
i、j	若 i 和 j 不被定义，则它们表示纯虚数量，即 i = sqrt(-1)
ans	默认表达式的运算结果变量

说明：

在定义变量时，若定义了系统同名变量，则覆盖系统常量。例如：若定义 i、j 为循环变量，则 $\sqrt{-1}$（纯虚数）将不起作用。因此，在定义时应尽量避免与系统常量重名。若已经改变，则可通过 clear 变量名来恢复其初始值，也可以通过重新启动 MATLAB 来恢复其原有值。

2.1.2 新建变量

变量工作区有导入数据、保存工作区、新建变量、打开变量和清除工作区等功能。其中，单击"新建变量"按钮，则打开一个二维表（类似 Excel 表），默认文件名是 unnamed1、unnamed2 等，如图 2.1 所示。

图 2.1　新建变量

该方法适合于成批导入变量到 MATLAB 中。

2.1.3 变量命令规则

MATLAB 变量名、函数名及文件名由字母、数字或下划线组成，区分字母大小写（如 myVar 与 myvar 表示两个不同的变量）。基本规则包括：

（1）要避免与系统预定义的变量名、函数名、保留字同名。
（2）变量名第一个字母必须是英文字母。
（3）变量名可以包含英文字母、下划线和数字。
（4）变量名不能包含空格、标点符号和特色字符。
（5）变量名最多可包含 63 个字符。
（6）若运算结果未被赋予任何变量，系统则将其赋予特殊变量 ans，它只保留最新值。

2.1.4 全局变量

全局变量的作用域在整个 MATLAB 中有效，所有函数都能对它进行存取和修改。若在函数文件中声明变量为局部变量，则只在本函数内有效，在该函数返回后，这些变量会自动在 MATLAB 工作间中清除，这与文本文件是不同的。

语法格式：

```
global <变量名>     % 声明一个全局变量
```

说明：

（1）如果一个函数内的变量没有特别声明，那么这个变量只在函数内部使用，即局部变量。若某个变量只在某个内存空间使用一次，则不建议使用全局变量。如果两个或多个函数共用一个变量，或子程序与主程序有同名变量（注意：不是参数），则可用 global 将其声明为全局变量。全局变量的使用可以减少参数传递，合理利用全局变量可以提高程序的执行效率。

（2）由于各个函数之间、命令行窗口工作间、内存空间都是独立的，因此，在一个内存空间里声明的全局变量，在另一个内存空间里使用时需要再次声明的全局变量，各内存空间声明仅需一次。当全局变量影响内存空间变量时，可使用 clear 命令清除变量名。

（3）若需要使用其他函数的变量，则需要在主程序与子程序中以分别声明全局变量的方式实现变量传递；否则，函数体内使用的都是局部变量。

（4）当函数较多时，全局变量将给程序调试和维护带来不便，一般不使用全局变量。如果必须使用全局变量，则在原则上全部用大写字母表示，以免和其他变量混淆。

2.1.5　数据类型

MATLAB 中有 15 种基本数据类型，分别为单精度浮点型、双精度浮点型、字符串型、结构体型、函数句柄型、逻辑型、单元数组型和 8 种整型数据，如图 2.2 所示。

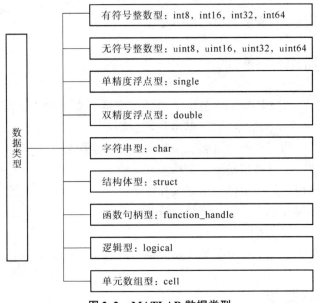

图 2.2　MATLAB 数据类型

1. 整数

对含有小数的数据自动四舍五入处理，使用带符号和无符号整型变量可节约内存空间。

2. 浮点数

MATLAB 将所有的数都看作双精度变量，即直接输入的变量属于 double 型，若要创建 single 型变量，则需使用转换函数。其他类型函数可以通过转换函数来存储为所需的类型，其表示方法如表 2-2 所示。

表 2-2 字符类型表示

表示	说明	表示	说明
uchar	无符号字符	uint16	16 位无符号整数
schar	带符号字符	uint32	32 位无符号整数
int8	8 位带符号整数	uint64	64 位无符号整数
int16	16 位带符号整数	float32	32 位浮点数
int32	32 位带符号整数	float64	64 位浮点数
int64	64 位带符号整数	double	64 位双精度数
uint8	8 位无符号整数	single	32 位浮点数

【例 2-1】 在脚本编辑器中输入程序命令，运行后查看并保存。

程序命令：

```
>>a1 = int8(10);a2 = int16( -20);a3 = int32( -30);a4 = int64(40)
>>b1 = uint8(50);b2 = uint16(60);b3 = uint32(70);b4 = uint64(80)
>>c1 = single( -90.99);d1 = double(3.14159);f1 = 'Hello '
>>g1.name = 'jiang';h1 = @sind;i1 = true;j1 {2,1} =100;
```

输入 "whos" （查看内存变量） 后的结果：

```
Name      Size        Bytes    Class              Attributes
a1        1 x 1       1        int8
a2        1 x 1       2        int16
a3        1 x 1       4        int32
a4        1 x 1       8        int64
ans       1 x 1       8        double
b1        1 x 1       1        uint8
b2        1 x 1       2        uint16
b3        1 x 1       4        uint32
b4        1 x 1       8        uint64
c1        1 x 1       4        single
d1        1 x 1       8        double
f1        1 x 5       10       char
g1        1 x 1       186      struct
h1        1 x 1       32       function_handle
i1        1 x 1       1        logical
j1        2 x 1       128      cell
```

说明：

当双精度浮点数参与运算时，返回值类型依赖于参与运算中的其他数据类型。当双精度浮点数与逻辑型、字符型进行运算时，返回的结果为双精度浮点型；与整数型进行运算时返回结果为相应的整数型；与单精度浮点型运算时，返回单精度浮点型。单精度浮点型与逻辑型、字符型和任何浮点型进行运算时，返回的结果都是单精度浮点型。

例如：

```
>>clc;b = int16(23);c = 6.28;z = b + c
>>class(z)          %结果为 z 矩阵类型
```

结果：

```
z = 29
ans = int16
```

⚠ **注意**：

单精度浮点型数据不能和整型数据进行算术运算，整型数据只能与相同类型的整型数据或标量双精度值组合使用。

例如：

```
>>clc;               %清屏
>>a = single(3.14);b = int16(23);c = a + b
```

结果将显示"错误使用 +"的信息提示。

2.1.6 常用标点符号及功能

MATLAB 的常用标点符号及功能如表 2 – 3 所示。

表 2 – 3 常用标点符号及功能

名称	符号	功能
空格		变量之间的分隔符以及数组行元素之间的分隔符
逗号	,	变量之间的分隔符或矩阵行元素之间的分隔符，也可用于显示计算结果分隔符
点号	.	数值中的小数点
分号	;	用于矩阵或数组元素行之间的分隔符，或不显示中间计算结果
冒号	:	生成一维数值数组，表示一维数组的全部元素或多维数组的某一维的全部元素
百分号	%	放在注释的前面，在它后面的命令不需要执行
单引号	' '	字符串变量需要加此符号
圆括号	( )	引用矩阵或数组元素；函数输入变量列表；确定算术运算的先后次序
方括号	[ ]	构成向量和矩阵；用于函数输出列表
花括号	{ }	构成元胞数组
下划线	_	变量、函数或文件名中的连字符
续行号	…	将一行长命令分成多行时，尾部的符号
"at"号	@	放在函数名前，形成函数句柄；放在文件夹名前，形成用户对象类目录

2.2 矩阵表示

2.2.1 矩阵的建立方法

【例 2-2】输入下列矩阵

$$A = \begin{bmatrix} 10 & 20 & 30 \\ 4 & 5 & 6 \\ 7 & -1 & 0 \end{bmatrix} \quad B = \begin{bmatrix} 1+2i & 2+5i \\ 3+7i & 5+9i \\ i & 8i \end{bmatrix}$$

程序命令：

```
>>A = [10 20 30;4 5 6;7 -1 0]
>>B = [1 +2i,2 +5i;3 +7i,5 +9i;i,8i]
```

结果：

```
A = 10      20      30
    4       5       6
    7       -1      0
B = 1.0000 +2.0000i   2.0000 +5.0000i
    3.0000 +7.0000i   5.0000 +9.0000i
    0.0000 +1.0000i   0.0000 +8.0000i
```

2.2.2 向量的建立方法

MATLAB 中的每个数都是 1×1 的矩阵，数组或向量就是 $1 \times n$ 或 $n \times 1$ 的矩阵。数组、向量和二维矩阵表示在本质上没有任何区别，它们的维数都是 2，一切都是以矩阵形式保存的。

1. 用线性等间距生成向量矩阵

语法格式：

```
(start:step:end)    % start 为起始值,step 为步长,end 为终值
```

例如：

```
a = [1:3:15]
```

结果：

```
a = 1     4     7     10    13
```

2. 线性向量

语法格式：

linspace(n1,n2,k)   %n1 为初始值,n2 为终值,k 为个数

例如：

b = linspace(3,18,4)

结果：

b = 3   8   13   18

3. 对数向量

语法格式：

logspace(n1,n2,n)   %行矢量的值为 $10^{n1} \sim 10^{n2}$,数据个数为 n,默认 n 为 50。这个指令常用于建立对数频域坐标

例如：

c = logspace(1,3,3)

结果：

c = 10   100   1000

2.2.3 常用特殊矩阵函数

1. 全零矩阵

全零矩阵函数为 zeros(m,n)，用于表示 m×n 矩阵，每个元素均为 0。若只有一个下标值，则表示行和列相同的方阵。

例如，输入 zeros(3,4)，即

$$\begin{bmatrix} 0 & 0 & 0 & 0 \\ 0 & 0 & 0 & 0 \\ 0 & 0 & 0 & 0 \end{bmatrix}$$

2. 全一矩阵

全一矩阵函数为 ones(m,n)，用于表示 m×n 矩阵，每个元素均为 1。若只有一个下标值，则表示方阵。

例如，输入 ones(3,4)，即

$$\begin{bmatrix} 1 & 1 & 1 & 1 \\ 1 & 1 & 1 & 1 \\ 1 & 1 & 1 & 1 \end{bmatrix}$$

3. 单位矩阵

单位矩阵函数为 eye(m,n)，用于表示 m×n 矩阵，主对角线上的元素均为 1。若只有一个下标值，则表示方阵。

例如，输入 eye(3,4)，即

$$\begin{bmatrix} 1 & 0 & 0 & 0 \\ 0 & 1 & 0 & 0 \\ 0 & 0 & 1 & 0 \end{bmatrix}$$

4. 对角矩阵

对角矩阵函数为 diag(v)，v 为对角元素值。

例如，输入 v = [1 2 3];diag(V)，即

$$\begin{bmatrix} 1 & 0 & 0 \\ 0 & 2 & 0 \\ 0 & 0 & 3 \end{bmatrix}$$

MATLAB 的特殊矩阵函数如表 2-4 所示。

表 2-4 特殊矩阵函数

函数名	含义	函数名	含义
zeros(m,n)	m×n 全零矩阵	company(m,n)	m×n 伴随矩阵
zeros(m)	m×m 全零矩阵	pascal(n)	n×n 帕斯卡三角矩阵
eye(m,n)	m×n 单位矩阵	magic(n)	n×n 魔方矩阵
eye(m)	m×m 单位矩阵	diag(V)	以 V 为对角元素的对角矩阵
ones(m,n)	m×n 全一矩阵	tril(A)	矩阵 A 的下三角矩阵
ones(m)	m×m 全一矩阵	triu(A)	矩阵 A 的上三角矩阵
rand(m,n)	m×n 的均匀分布的随机矩阵	rot90(A)	旋转 90°矩阵 A
fliplr(A)	矩阵 A 的左右翻转	flipud(A)	矩阵 A 的上下翻转
hilb(n)	n 阶希尔伯特矩阵	toplitz(m,n)	托普利兹矩阵

说明：

（1）magic(n)：为魔方矩阵，其行、列、对角线的元素之和相等，它必须是 n 阶方阵。

（2）pascal(n)：为杨辉三角矩阵（也称为帕斯卡矩阵），是 $(x+y)^n$ 的系数随 n 增大的三角形表。

（3）toplitz(m,n)：为托普利兹矩阵，是除第 1 行第 1 列元素外，每个元素与它的左上角元素相等。

（4）triu(A)：为上三角矩阵，是保存矩阵 A 上三角矩阵为原值、下三角为 0 的阵。

（5）triu(A,k)：将矩阵 A 的第 k 条对角线以上的元素变成上三角阵。

【例 2-3】求 3×4 的全一矩阵、4×5 均匀分布的随机矩阵、上三角阵、魔方矩阵、杨辉三角阵、方程 $x^4 + 3x^3 + 7x^2 + 5x - 9 = 0$ 的伴随矩阵，并求 4 行 4 列的托普利兹矩阵。

程序命令：

```
>> Y = ones(3,4)              %3×4 的全一矩阵
>> Z = rand(4,5)              %4×5 的均匀分布的随机矩阵
>> W = triu(Z)                %上三角矩阵
>> K = magic(4)               %魔方矩阵必须是方阵
>> L = pascal(4)              %杨辉三角矩阵必须是方阵
>> A = [1 3 7 5 -9];          %方程系数
>> B = company(A)             %求伴随矩阵
>> M = toeplitz(1:4)          %托普利兹矩阵
```

结果：

```
Y = 1    1    1    1
    1    1    1    1
    1    1    1    1
Z = 0.8147  0.6324  0.9575  0.9572  0.4218
    0.9058  0.0975  0.9649  0.4854  0.9157
    0.1270  0.2785  0.1576  0.8003  0.7922
    0.9134  0.5469  0.9706  0.1419  0.9595
W = 0.8147  0.6324  0.9575  0.9572  0.4218
    0       0.0975  0.9649  0.4854  0.9157
    0       0       0.1576  0.8003  0.7922
    0       0       0       0.1419  0.9595
K = 16   2    3    13
    5    11   10   8
    9    7    6    12
    4    14   15   1
L = 1    1    1    1
    1    2    3    4
    1    3    6    10
    1    4    10   20
B = -3   -7   -5   9
    1    0    0    0
    0    1    0    0
    0    0    1    0
M = 1    2    3    4
    2    1    2    3
    3    2    1    2
    4    3    2    1
```

2.2.4 稀疏矩阵

若矩阵中非零元素的个数远远小于矩阵元素的总数，且非零元素的分布没有规律，则称该矩阵为稀疏矩阵。

1. 创建稀疏矩阵

语法格式：

```
S = sparse(A)                    %将矩阵A中的零元素去除,由非零元素行及其列组成矩阵S
S = sparse( i,j,s,m,n,maxn )     %由向量i、j、s生成一个m×n的含有maxn个非零元素的稀
                                 疏矩阵S,并且有S(i(k),j(k)) = s(k)。向量i、j和s
                                 有相同的长度。对应向量i和j的值S中的任何零元素都
                                 将被忽略。S中在i和j处的重复值将被叠加
```

稀疏矩阵的存储特点：所占内存少，运算速度快。

说明：

（1）创建的稀疏矩阵只显示非零元素行、列值，可用命令"full(S)"来显示所有矩阵元素。

（2）如果i或j中的任意一个大于最大整数值$2^{31}-1$，则稀疏矩阵不能被创建。

（3）若S = sparse(i,j,s)，则使 m = max(i)和 n = max(j)，在S中零元素被移除前计算最大值，[i j s]中的其中一行可能为[m n 0]。

（4）sparse([ ],[ ],[ ],m,n,0)生成m×n所有元素都是0的稀疏矩阵。

（5）当构造矩阵比较大，而非零元素位置又比较有规律时，可以考虑用sparse函数，先构造i、j、s，再自动生成矩阵。

【例2-4】 已知 *i* = [2 2 3 3 3 4]，*j* = [2 4 3 2 1 4]，*A* = [2 3 7 1 4 6]，创建稀疏矩阵。

程序命令：

```
>> i = [2 2 3 3 3 4];j = [2 4 3 2 1 4];
>> A = [2 3 7 1 4 6];
>> S = sparse(i,j,A,4,4)
>> A = full(S)
```

结果：

```
S = (3,1)       4
    (2,2)       2
    (3,2)       1
    (3,3)       7
    (2,4)       3
    (4,4)       6
A = 0    0    0    0
    0    2    0    3
    4    1    7    0
    0    0    0    6
```

2. 创建带状稀疏矩阵

语法格式：

```
S = spdiags(A,d,m,n)    %生成m×n稀疏矩阵,所有非零元素均在对角线上,且对角线元素有规律
```

- A：表示全元素矩阵。

- d：表示长度为 d 的整数向量，指定矩阵 S 的对角线位置。
- m，n：表示构造的稀疏矩阵的行列数。

【例 2-5】 创建一个三对角的 5×5 矩阵。

程序命令：

```
>>A = rand(5);
>>A = floor(100 * A);
>>S = spdiags(A,[0 1],5,5);
>>S1 = full(S)
```

结果：

```
S1 = 34   83    0    0    0
      0   19   58    0    0
      0    0   25   54    0
      0    0    0   61   91
      0    0    0    0   47
```

3. 稀疏矩阵操作函数

语法格式：

```
nnz(S):         % 获取非零元素的个数
nonzeros(S)     % 获取非零元素的值
nzmax(S)        % 获取储存非零元素的空间长度
spy(S)          % 对稀疏矩阵的非零元素进行图形化显示
```

【例 2-6】 产生一个 5×5 带状稀疏矩阵，获取非零元素的个数 a、非零元素的值 b、非零元素的空间长度 c，并图形化显示该稀疏矩阵。

程序命令：

```
>>A = rand(5);B = floor(100 * A);S = spdiags(B,[0 1],5,5)
>>S1 = full(S)
>>a = nnz(S1)
>>b = nonzeros(S1)
>>c = nzmax(S1)
>>spy(S)
```

结果：

```
S1 = 96   67    0    0    0
      0   54   39    0    0
      0    0   52   36    0
      0    0    0   23   98
      0    0    0    0   48
a = 9
b = 96
    67
```

```
             54
             39
             52
             36
             23
             98
             48
      c = 25
```

图形化显示该稀疏矩阵，如图 2.3 所示。

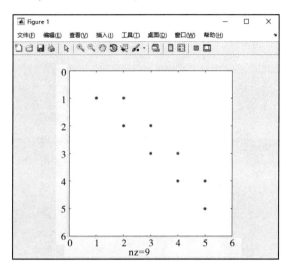

图 2.3 稀疏矩阵图形表示

2.2.5 矩阵拆分

矩阵拆分函数有以下几种：
- A(m,n)：提取第 m 行、第 n 列元素。
- A(:,n)：提取第 n 列元素。
- A(m,:)：提取第 m 行元素。
- A(m1:m2,n1:n2)：提取第 m1~m2 行和第 n1~n2 列的所有元素（提取子块）。
- A(:)：元素按矩阵的列进行排列。
- 矩阵扩展：如果在原矩阵不存在的地址中设定一个数（赋值），那么该矩阵会自动扩展行数、列数，并在该位置上添加这个数，且在其他没有指定的位置补零。

【例 2-7】输出拆分矩阵的行和列元素。
程序命令：

```
>> A = [1 2 3 4 5;6 7 8 9 10;11 12 13 14 15]
>> B = A(2,:)                 %取第 2 行元素
>> C = A(1:2,3:4)             %取第 1~2 行的第 3~4 列元素
```

结果：

```
A =  1    2    3    4    5
     6    7    8    9   10
    11   12   13   14   15
B = 6    7    8    9   10
C = 3    4
    8    9
```

【例 2-8】矩阵扩展的应用。

程序命令：

```
>>A = [1 2 3;4 5 6]
```

结果：

```
A = 1    2    3
    4    5    6
```

程序命令：

```
>>A(3,4) = 20
```

结果：

```
A = 1    2    3    0
    4    5    6    0
    0    0    0   20
```

2.3 矩阵基本运算

2.3.1 求矩阵的秩、迹和条件数

1. 矩阵的秩

将矩阵做初等行变换后，非零行的个数叫作行秩；对其进行初等列变换后，非零列的个数叫作列秩。矩阵的列秩和行秩总是相等的（必须是方阵），才称矩阵的秩。若矩阵的秩等于行数，则称矩阵满秩。

语法格式：

```
rank(A)            % 矩阵 A 必须是方阵才能求秩
```

2. 矩阵的迹

在线性代数中，把矩阵的对角线之和称为矩阵的迹。只有方阵才可以求迹。

语法格式：

```
trace(A)                    % 求矩阵 A 的迹
```

3. 矩阵的条件数

矩阵 A 的条件数等于 A 的范数与 A 逆的范数乘积，表示矩阵计算对于误差的敏感性。对于线性方程组 $Ax = b$，如果 A 的条件数大，则 b 的微小改变就能引起解 x 的较大改变，即数值稳定性差。如果 A 的条件数小，则 b 有微小的改变所引起 x 的改变也很微小，即数值稳定性好。它也可以表示 b 不变、A 有微小改变时，x 的变化情况。

语法格式：

```
cond(A)                     % 求矩阵 A 的迹
```

【例 2-9】求矩阵 A 的秩、迹和条件数。

$$A = \begin{bmatrix} 1 & 3 & 9 \\ 0 & 5 & 7 \\ 11 & 13 & 10 \end{bmatrix}$$

程序命令：

```
>> a = rank(A)
>> b = trace(A)
>> c = cond(A)
```

结果：

```
a =   3
b =   16
c =   11.6364
```

2.3.2 求矩阵的逆

若 $A \cdot B = B \cdot A = E$，则称 A 和 B 互为逆矩阵。
语法格式：

```
inv(A)
```

【例 2-10】使用逆矩阵求解下列线性方程组的解。

$$\begin{cases} 2x + 3y + 5z = 5 \\ x + 4y + 8z = -1 \\ x + 3y + 27z = 6 \end{cases}$$

因为 $Ax = B$，$X = A^{-1}B$，所以程序命令如下：

```
>> A = [2 3 5;1 4 8;1 3 27]
>> B = [5 -1 6]'
>> x = inv(A) * B
```

结果：

```
x =   4.8113
     -1.9811
      0.2642
```

2.3.3 求矩阵的特征值和特征向量

矩阵的特征值与特征向量是线性代数中的重要概念。对于一个 n 阶方阵 A，若存在非零 n 维向量 x 与常数 λ，使 $\lambda x = Ax$，则称 λ 是 A 的一个特征值，x 是属于特征值 λ 的特征向量。我们可以使用 $|\lambda E - A| = 0$ 先求解出 A 的特征值，再代入等量关系求解特征向量（不唯一）。

语法格式：

```
E = eig(A)        %求矩阵A的全部特征值,构成向量E
[V D] = eig(A)    %求矩阵A的全部特征值,构成对角矩阵D,并求A的特征向量构成V的列向量
```

【例 2 – 11】利用矩阵 $A = [1\ 2\ 3\ 4;\ 6\ 7\ 8\ 9;\ 11\ 12\ 13\ 14;\ 0\ 12\ 17\ 13]$ 构成对角矩阵 D，并求矩阵 A 的特征向量构成的列向量 V。

程序命令：

```
>>A = [1 2 3 4;6 7 8 9;11 12 13 14;0 12 17 13];
>>[V,D] = eig(A)
```

结果：

```
V = -0.1465 +0.0000i    0.1107 +0.2881i    0.1107 -0.2881i    0.2512 +0.0000i
    -0.3923 +0.0000i    0.2826 +0.0574i    0.2826 -0.0574i   -0.6977 +0.0000i
    -0.6381 +0.0000i    0.4546 -0.1732i    0.4546 +0.1732i    0.6419 +0.0000i
    -0.6461 +0.0000i   -0.7648 +0.0000i   -0.7648 +0.0000i   -0.1954 +0.0000i
D = 37.0763 +0.0000i    0.0000 +0.0000i    0.0000 +0.0000i    0.0000 +0.0000i
     0.0000 +0.0000i   -1.5382 +2.9483i    0.0000 +0.0000i    0.0000 +0.0000i
     0.0000 +0.0000i    0.0000 +0.0000i   -1.5382 -2.9483i    0.0000 +0.0000i
     0.0000 +0.0000i    0.0000 +0.0000i    0.0000 +0.0000i    0.0000 +0.0000i
```

2.3.4 矩阵运算

1. 算术运算

在 MATLAB 中，常用的矩阵算术运算符如表 2 – 5 所示。

表 2 – 5 常用的矩阵算术运算符

运算符	说明	运算符	说明
+	矩阵相加	\	矩阵左除
−	矩阵相减	.\	点左除

续表

运算符	说明	运算符	说明
*	矩阵相乘	./	点右除
.*	点乘	^	乘方
/	矩阵右除	.^	点乘方

说明：

(1) 矩阵相加、减，应具有相同的行和列，以对应各元素相加、减。在矩阵与标量相加减时，矩阵的各元素将都与该标量进行运算。

(2) 点运算是一种特殊的运算，其运算符在有关算术运算符前面加点，运算符有". *"". /"". \"和". ^"，分别表示点乘、点右除、点左除和点乘方。两个矩阵进行点运算是指将两个矩阵的对应元素进行相关运算，要求这两个矩阵的维数必须相同。

(3) 左除：***A*** 左除 ***B***(A\B)表示矩阵 ***A*** 的逆乘以矩阵 ***B***，即 inv(A)*B；右除：***A*** 右除 ***B***(A/B)表示矩阵 ***A*** 乘以矩阵 ***B*** 的逆，即 A*inv4。当 ***A*** 为非奇异矩阵时，X = A\B 是方程 A*X = B 的解，而 X = B/A 是方程 X*A = B 的解。

A.\B 表示矩阵 ***B*** 中每个元素除以矩阵 A 的对应元素。

A./B 表示矩阵 ***A*** 中每个元素除以矩阵 B 的对应元素。

(4) 一个矩阵的乘方运算可以表示成 A^x，要求 ***A*** 为方阵，x 为标量。

【例 2-12】已知矩阵 ***A*** 和 ***B***，求两个矩阵加、减、乘、除和 ***A*** 点乘 ***B***、***A*** 点除 ***B*** 及 ***A*** 的 2 次乘方。

$$A = \begin{bmatrix} 1 & 2 & 3 \\ 4 & 5 & 6 \\ 7 & 8 & 9 \end{bmatrix} \quad B = \begin{bmatrix} 1 & 0 & 3 \\ 5 & 9 & 13 \\ 7 & 12 & 11 \end{bmatrix}$$

程序命令：

```
>>A = [1,2,3;4,5,6;7,8,9];
>>B = [1 0 3;5 9 13;7 12 11];
>>C = A + B
>>D = A - B
>>E = A * B
>>F = A.* B
>>G = A/B              %右除
>>G1 = A * inv(B)      %与 G 等价
>>H = A\B              %左除
>>H1 = inv(A) * B      %与 H 等价
>>I = A./B             %点右除
>>J = A.\B             %点左除
>>K = A^2              %A 的 2 次乘方,相当于 A*A
```

结果：

```
C =  2    2    6                    D =  0    2    0
     9   14   19                        -1   -4   -7
    14   20   20                         0   -4   -2
```

```
E =    32     54     62                    F =    1      0      9
       71    117    143                          20     45     78
      110    180    224                          49     96     99
G = -0.0909   0.3030  -0.0606              G1 = -0.0909   0.3030  -0.0606
     1.0000  -0.3333   0.6667                    1.0000  -0.3333   0.6667
     2.0909  -0.9697   1.3939                    2.0909  -0.9697   1.3939
H = 1.0e+16 *                              H1 = 1.0e+16 *
    -0.6305  -1.8915  -3.7830                   -0.6305  -1.8915  -3.7830
     1.2610   3.7830   7.5660                    1.2610   3.7830   7.5660
    -0.6305  -1.8915  -3.7830                   -0.6305  -1.8915  -3.7830
I = 1.0000     Inf    1.0000                J = 1.0000     0      1.0000
    0.8000   0.5556   0.4615                    1.2500   1.8000   2.1667
    1.0000   0.6667   0.8182                    1.0000   1.5000   1.2222
K =   30     36     42
      66     81     96
     102    126    150
```

【例2-13】计算 A*A、A^2 与 A.^2。

程序命令：

```
>>A1 = A*A
>>B1 = A^2
>>L = A.^2        %A的2次乘方,加点表示对应元素平方
```

结果：

```
A1 =   30     36     42               B1 =   30     36     42
       66     81     96                      66     81     96
      102    126    150                     102    126    150
L =     1      4      9
       16     25     36
       49     64     81
```

结论：A*A 等价于 A^2，但不等价于 A.^2。

【例2-14】利用左除解方程组。

$$\begin{cases} 6x_1 + 3x_2 + 4x_3 = 3 \\ -2x_1 + 5x_2 + 7x_3 = -4 \\ 8x_1 - 4x_2 - 3x_2 = -7 \end{cases}$$

程序命令：

```
>>A = [6 3 4;-2 5 7;8 -4 -3];
>>B = [3;-4;-7];
>>x = A\B          %左除求解
```

结果：

```
x =    0.6000
       7.0000
      -5.4000
```

2. 复数计算

MATLAB 把复数作为一个整体,类似计算实数那样计算复数。

【例 2-15】已知复数 $z1 = 3+4i$,$z2 = 1+2i$,$z3 = 2e^{\pi i/6}$,计算 $z = z1*z2/z3$。

程序命令:

```
>>z1 = 3 + 4 * i;
>>z2 = 1 + 2 * i;
z3 = 2 * exp(i * pi/6);z = z1 * z2/z3
```

结果:

```
z = 0.3349 + 5.5801i
```

对于复数矩阵,有两种常用输入方法,其结果相同。例如:

```
>>A = [1,2;3,4] + i * [5,6;7,8]
>>B = [1 + 5i 2 + 6i;3 + 7i 4 + 8i]
```

结果:

```
A = 1.0000 + 5.0000i   2.0000 + 6.0000i
    3.0000 + 7.0000i   4.0000 + 8.0000i
B = 1.0000 + 5.0000i   2.0000 + 6.0000i
    3.0000 + 7.0000i   4.0000 + 8.0000i
```

说明:

A 与 B 的结果是相同的。

3. 关系运算

MATLAB 的关系运算符如表 2-6 所示。

表 2-6 关系运算符

运算符	说明	运算符	说明
>	大于	<=	小于等于
>=	大于等于	==	等于
<	小于	~=	不等于

【例 2-16】关系运算的应用。

程序命令:

```
>>y = [7,2,9] > 5
>>A = rand(3)
>>B = A < 0.5
```

结果:

```
y = 1    0       1
A = 0.3922  0.7060  0.0462
    0.6555  0.0318  0.0971
    0.1712  0.2769  0.8235
B = 1    0    1
    0    1    1
    1    1    0
```

4. 逻辑运算

MATLAB 的逻辑运算符如表 2-7 所示。

表 2-7 逻辑运算符

运算符	说明	运算符	说明	运算符	说明
&	与运算	|	或运算	~	非运算

说明:

关系运算和逻辑运算的结果都是逻辑值。如果结果(或元素)为真,就用 1 表示;否则,就用 0 表示。"&"和"|"操作符可比较两个标量或两个同阶矩阵。如果 A 和 B 都是 0-1 矩阵,则 A&B 和 A|B 也都是 0-1 矩阵,且 0-1 矩阵是 A 和 B 对应元素的逻辑值。通常,逻辑数在条件语句和数组索引中使用。

【例 2-17】逻辑运算的应用。

程序命令:

```
>> clc;
>> X = [true,false,true]
>> K = rand(3)
>> L = rand(3)
>> Y1 = K | L
>> Y2 = K& ~K
```

结果:

```
X = 1    0       1
K = 0.0759  0.7792  0.5688    L = 0.3371  0.3112  0.6020
    0.0540  0.9340  0.4694        0.1622  0.5285  0.2630
    0.5308  0.1299  0.0119        0.7943  0.1656  0.6541
Y1 = 1   1   1                Y2 = 0   0   0
     1   1   1                     0   0   0
     1   1   1                     0   0   0
```

2.3.5 求矩阵最大、最小值及矩阵的排序

MATLAB 提供了求序列数据的最大值、最小值和排序函数。

1. 求向量的最大值和最小值

1) 求向量的最大值

求向量的最大值,有以下3种语法格式:

```
Y = max(X)          %Y为向量X的最大值,若X包含复数,则按模取最大值。若X是矩阵,则返回
                    矩阵每列的最大值
[Y,I] = max(X)      %Y为最大值,I为最大值序号。若X包含复数,则按模取最大值
Y = max(X,[],dim)   %Y为最大值,dim表示维数。当dim=1时,同max(X)。当dim=2时,若X
                    为向量,则取最大值;若X为矩阵,则返回矩阵每行的最大值
```

2) 求向量的最小值

求向量 X 的最小值的函数是 $\min(X)$,用法和 $\max(X)$ 完全相同。

【例2-18】求向量 X 的最大值和最小值。

程序命令:

```
>>X = [12,56,4,0,19,100, -1,20,30];
>>A = max(X)
>>B = min(X)
>>[M1,I] = max(X)
>>[M2,I] = min(X)
>>C = max(X,[],2)
```

结果:

```
A = 100
B = -1
M1 = 100
I = 6
M2 = -1
I = 7
C = 100
```

2. 求矩阵的最大值和最小值

【例2-19】求矩阵 X 的最大值和最小值。

$$X = \begin{bmatrix} 12 & 56 & 4 \\ 0 & 19 & 100 \\ -1 & 20 & 30 \end{bmatrix}$$

程序命令:

```
>>X = [12,56,4;0,19,100; -1,20,30];
>>A = max(X)
>>B = min(X)
>>[M1,I] = max(X)
>>[M2,I] = min(X)
>>C = max(X,[],2)
```

结果：

```
A = 12    56    100
B = -1    19    4
M1 = 12   56    100
I = 1     1     2
M2 = -1   19    4
I = 3     2     1
C = 56
    100
    30
```

3. 矩阵的排序

1) sort 函数

排序函数 sort( ) 可以对向量、矩阵、数组等元素进行升序或降序排列。当 **X** 是矩阵时，sort(**X**) 对 **X** 的每一列进行升序或降序排列。

有以下两种语法格式：

```
Y1 = sort(A)              %若是矩阵,则按照列进行升序排列
Y = sort(A,dim,mode)      %若 A 是二维矩阵,当 dim = 1(默认)时,表示对 A 的每一列进行排序,
                          当 dim = 2 时,表示对 A 的每一行进行排序。mode 表示排列方式,当
                          mode = 'ascend'时,进行升序排列;当 mode = 'descend'时,进行降序
                          排列;默认升序排列
```

【例 2-20】对矩阵 **A** 进行升序排列和降序排列。

$$A = \begin{bmatrix} 74 & 22 & 82 \\ 7 & 45 & 91 \\ 53 & 44 & 8 \end{bmatrix}$$

程序代码：

```
>>A = [74 22 82;7 45 91;53 44 8]
>>B = sort(A)               %按矩阵列升序排列
>>C = sort(A,2)             %按矩阵行升序排列
>>D = sort(A,2,'descend')   %按矩阵行降序排列
```

结果：

```
A = 74    22    82    7    45    91
    53    44    8
B = 7     22    8
    53    44    82
    74    45    91
C = 22    74    82
    7     45    91
    8     44    53
```

```
D = 82    74    22
    91    45     7
    53    44     8
```

2) sortrows 函数

sortrows 函数可以按选定的列值对矩阵行进行排序。

语法格式：

```
[Y,I] = sortrows(A,Colnum)    %A 是待排序的矩阵,Colnum 是列的序号,指定按照第几列进行
                               排序,正数表示按照升序进行排序,负数表示按照降序进行排
                               序,Y 是排序后的矩阵,I 是排序后的行在之前矩阵中的行标值
```

例如：

```
>> E = sortrows(A, -2)    %对矩阵 A 第 2 列进行降序排列
```

结果：

```
E =  7    45    91
    53    44     8
    74    22    82
```

2.3.6 求矩阵平均值和中值

求序列数据平均值和中值的函数分别是 mean 和 median。
语法格式：

```
mean(X)         %返回向量 X 的算术平均值;若 X 为矩阵,则返回列向量平均值
median(X)       %返回向量 X 的中间值;若 X 为矩阵,则返回列向量中间值
mean(X,dim)     %当 dim 为 1 时,返回 X 列向量平均值;当 dim 为 2 时,返回行向量平均值
```

【例 2-21】求 $X = \begin{bmatrix} 1 & 12 & 3 \\ 24 & 5 & 65 \\ 37 & 8 & 59 \end{bmatrix}$ 的平均值和中值。

程序命令：

```
>> X = [1 12 3;24 5 65;37 8 59];
>> M1 = mean(X)
>> M2 = median(X)
>> M3 = mean(X,2)
```

结果：

```
M1 = 20.6667    8.3333    42.3333
M2 = 24         8         59
M3 = 5.3333
    31.3333
    34.6667
```

2.3.7 求矩阵元素和与积

数据、向量或矩阵求和与求积的函数是 sum 和 prod。
语法格式：

```
S = sum(X)      %若 X 为向量,则求 X 的元素和;若 X 为矩阵,则返回列向量的和
S1 = prod(X)    %若 X 为向量,则求 X 的元素积;若 X 为矩阵,则返回列向量的积
```

【例 2-22】 求向量与矩阵元素的和与积。
程序命令：

```
>>X1 = [1 2 3 4 5 6 7 8 9];X2 = [1 2 3;4 5 6;7 8 9];
>>S1 = sum(X1)
>>S2 = prod(X1)
>>S3 = sum(X2)
>>S4 = prod(X2)
```

结果：

```
S1 =    45
S2 =    362880
S3 =    12    15    18
S4 =    28    80    162
```

2.3.8 求元素累加和与累乘积

1) 求元素累加和
语法格式：

```
A = cumsum(X)   %若 X 是向量,则返回 X 的元素累计和;若 X 为矩阵,则返回一个与 X 大小相同的
                 列累加和矩阵
```

2) 求元素累乘积

```
A = cumprod(X)  %若 X 是向量,则返回 X 中相应元素与其之前的所有元素累乘积;若 X 为矩阵,则
                 返回一个与 X 大小相同的列累乘积矩阵
```

【例 2-23】 求向量与矩阵列元素的累乘积。
程序命令：

```
>>X1 = [1 2 3 4 5 6 7 8 9];X2 = [1 2 3;4 5 6;7 8 9];
>>A1 = cumsum(X1)
>>A2 = cumsum(X2)
>>A3 = cumprod(X1)
>>A4 = cumprod(X2)
```

结果：

```
A1 = 1    3    6    10    15    21    28    36    45
A2 = 1    2    3
     5    7    9
    12   15   18
A3 = 1    2    6    24   120   720   5040  40320  362880
A4 = 1    2    3
     4   10   18
    28   80  162
```

2.4 MATLAB常用函数

2.4.1 随机函数

MATLAB的常用随机函数如表2-8所示。

表2-8 常用随机函数

函数名	含义
rand	产生均值为0.5、幅度在0~1的伪随机数
rand(n)	生成0~1的n阶随机数方阵
rand(m,n)	生成0~1的m×n的随机数矩阵
randn	产生均值为0、方差为1的高斯白噪声
randn(n)	产生均值为0、方差为1的n阶高斯白噪声方阵
randn(m,n)	产生0~1均匀分布,均值为0、方差为1的m×n正态分布矩阵
randperm(n)	产生1~n的均匀分布随机序列
normrnd(a,b,c,d)	产生均值为a、方差为b大小为c×d的随机矩阵

例如:
程序命令:

```
>>rand
```

结果:

```
ans = 0.5688
```

程序命令:

```
>>rand(2,3)
```

结果:

ans = 0.8909   0.5472   0.1493
      0.9593   0.1386   0.2575

程序命令：

\>\> randn(3)

结果：

ans = 2.3505   -0.1924   -1.4023
      -0.6156   0.8886   -1.4224
       0.7481   -0.7648   0.4882

程序命令：

\>\> randperm(5)

结果：

ans = 4   2   1   5   3

程序命令：

\>\> normrnd(1,3,2,4)

结果：

ans = 3.5053   1.6470   -2.4439   3.1668
      0.2689   -2.4975   1.3146   8.7565

2.4.2 数学函数

1. 常用运算函数

MATLAB 的常用运算函数如表 2-9 所示。

表 2-9　常用运算函数

函数名	含义	函数名	含义
abs(x)	求绝对值（复数的模）	max(x)	求每列最大值
min(x)	求每列最小值	sum(x)	求元素的总和
size(x)	求矩阵最大元素数	mean(x)	求各元素的平均值
sqrt(x)	求平方根	exp(x)	求以 e 为底的指数
log(x)	求自然对数	log10(x)	求以 10 为底的对数
log2(x)	求以 2 为底的对数	pow2(x)	求 2 的指数
sort(x)	对矩阵 x 按列排序	prod(x)	按列求矩阵 x 的积
rank(x)	求矩阵的秩	inv(x)	求矩阵 x 的逆
det(x)	求行列式值	length(x)	求应向量阵的长度（维数）

续表

函数名	含义	函数名	含义
real(z)	求复数 z 的实部	imag(z)	求复数 z 的虚部
angle(z)	求复数 z 的相角	conj(z)	求复数 z 的共轭复数
rem(x,y)	求 x 除以 y 的余数	gcd(x,y)	求 x 和 y 的最大公因数
nnz(x)	求非零元素的个数	ndims(x)	求矩阵 x 的维数
trace(x)	求矩阵对角元素的和	pinv(x)	求伪逆矩阵
lcm(x,y)	求 x 和 y 的最小公倍数	sign(x)	符号函数

例如：

exp(1) = 2.7183

nnz([0 2 3 0 1 4 0 7 0]) = 5

lcm(76,24) = 456

rem(10,3) = 1

当 x < 0 时，sign(x) = -1

当 x = 0 时，sign(x) = 0

当 x > 0 时，sign(x) = 1

【例 2-24】已知矩阵 A，判断 A 是否满秩。若满秩，则求其逆矩阵，并计算 A 的行列式值。

程序命令：

```
>>A = [1 2 3;4 5 6;2 3 5];
>>B = rank(A)          %求A的秩
>>C = inv(A)           %求A的逆矩阵
>>D = det(A)           %求A行列式的值
```

结果：

```
B = 3
C = -2.3333    0.3333    1.0000
     2.6667    0.3333   -2.0000
    -0.6667   -0.3333    1.0000
D = -3
```

【例 2-25】建立脚本程序，生成一个随机矩阵，放大 10 倍并取整数赋给矩阵 A。输出矩阵 A 的维数 a、行数 m、列数 n、矩阵所有维的最大长度 c、并计算 A 中非 0 元素的个数 e。

程序命令：

```
>>A = floor(rand(5,4)*10)
>>a = ndims(A)         %返回A的维数。m×n矩阵为2维
>>[m,n] = size(A)      %如果A是二维数组，则返回行数和列数
>>c = length(A)        %返回行、列中的最大长度
>>e = nnz(A)           %返回A中非0元素的个数
```

结果：

```
A = 3    2    0    1
    8    7    0    5
    5    7    5    4
    5    3    7    0
    9    5    9    3
a = 2
m = 5
n = 4
c = 5
e = 17
```

2. 常用三角函数

MATLAB 的常用三角函数如表 2 – 10 所示。

表 2 – 10 常用三角函数

函数名	含义	函数名	含义
sin(x)	正弦函数	asin(x)	反正弦函数
cos(x)	余弦函数	acos(x)	反余弦函数
tan(x)	正切函数	atan(x)	反正切函数

【例 2 – 26】三角函数的使用。

程序命令：

```
>> a = sin(30 * pi/180)      % 度乘以 π/180 转换成弧度
>> b = acos(1) * 180/pi      % 弧度乘以 180/π 转换成度
>> c = atan(1) * 180/pi
```

结果：

```
a = 0.5000
b = 60
c = 45
```

3. 常用取整函数

MATLAB 的常用取整函数如表 2 – 11 所示。

表 2 – 11 取整数函数

函数名	含义	函数名	含义
round(x)	四舍五入至最近整数	floor(x)	舍去正小数至最近整数
fix(x)	舍去小数至最近整数	ceil(x)	加入正小数至最近整数

【例 2 – 27】取整函数的使用。

程序命令：

```
>> a = fix( -1.3)
>> b = fix(1.3);
>> c = floor( -1.3)
>> d = floor(1.3)
>> e = ceil( -1.3)
>> f = ceil(1.3)
>> g = round( -1.3)
>> h = round( -1.52)
>> i = round(1.3)
>> j = round(1.52)
```

结果：

```
a = -1
b =  1
c = -2
d =  1
e = -1
f =  2
g = -1
h = -2
i =  1
j =  2
```

2.4.3 转换函数

MATLAB 的常用转换函数如表 2-12 所示。

表 2-12 常用转换函数

函数名	含义	函数名	含义
str2num('str')	将字符串转换为数值	str2double('num')	将字符串转换为双精度
num2str(num)	将数值转换为字符串	int2str(num)	将整数转换为字符串
str2mat('s1','s2',…)	将字符串转换为矩阵	setstr(ascii)	将 ASCII 码转换为字符串
dec2bin(num)	将十进制转换为二进制	dec2hex(num)	将十进制转换为十六进制
dec2base(num)	将十进制转换为 X 进制	base2dec(num)	将 X 进制转换为十进制
bin2dec(num)	将二进制转换为十进制	sprintf('%x',num)	将输出格式转换
lower('str')	将字符串转换为小写	upper('str')	将字符串转换成大写

说明：

参数 str、s1、s2 为字符型数据，用单引号；num 为数值型数据，不加引号，但 str2double ('num') 中的 num 必须是数值字符型数据，需要加单引号；ascii 是字符的 ASCII 码值（A~Z 取 65~90，a~z 取 97~122）；X 为任意正整数。

【例2-28】转换函数的使用。
程序命令：

```
>> x = bin2dec('111101')
>> y = dec2bin(61)
>> z = dec2hex(61)
>> w = dec2base(61,8)
>> q = 23;sprintf('%05d',q)        %将数字转换为字符串,05表示5位数,不足5位的前面补零
```

结果：

```
x = 61
y = 111101
z = 3D
w = 75
ans = 00023
```

2.4.4 字符串操作函数

MATLAB的常用字符串函数如表2-13所示。

表2-13 字符串操作函数

函数名	含义	函数名	含义
deblank('str')	删除字符串末尾的空格	blanks(n)	创建由n个空格组成字符串
findstr(s1,s2)	字符串s1是否存在字符串s2中	strcat(s1,s2)	字符串s1、s2横向连接组合
strrep(s1,s2,s3)	从字串s1找到s2,用s3替代	strvcat(s1,s2)	字符串s1、s2竖向连接组合
strcmp(s1,s2)	比较字符串s1、s2是否相同	strmatch	寻找符合条件的行
strcmpi(s1,s2)	同strcmp(s1,s2),但忽略大小写	strtok(s1,s2,…)	查找字符串s1空格前边字符串
strncmp(s1,s2)	比较字串s1和s2的前n个字符	strjust(s1,对齐)	字符串s1对齐方式 ('left'/'center'/'right')

【例2-29】字符串操作。
程序命令：

```
>> a = 'We are learning'; b = 'MATLAB';
>> A = findstr(a,b)              %若字符串A不存在B中,则返回空矩阵
>> B = strcat(a,b)
>> C = strrep('image MATLAB','MATLAB','SIMULINK')
>> D = strtok(a,b)
```

结果：

```
A = [ ]
B = We are learning MATLAB
C = image SIMULINK
D = We
```

说明:

strrep(str1,str2,str3)是从 str1 找到 str2,用 str3 替换。

2.4.5 判断数据类型函数

MATLAB 的判断数据类型函数如表 2-14 所示。

表 2-14 判断数据类型函数

命令	操作
isnumeric(x)	判断 x 是否为数值类型
exist x	判断参数变量 x 是否存在
isa(x,'integer')	判断 x 是否为引号中指定的数值类型(包括其他数值类型)
isreal(x)	判断 x 是否为实数
isprime(x)	判断 x 是否为质数
isinf(x)	判断 x 是否为无穷
isfinine(x)	判断 x 是否为有限数
ismember(a,b)	判断矩阵(向量)a 是否包含矩阵 b 的元素
all	判断向量或矩阵的列向量是否都为非零元素
any	判断向量或矩阵的列向量是否都为零元素

说明:

判断函数的结果是逻辑值,成立时为 1,否则为 0。

【例 2-30】判断矩阵 *a* 是否包含矩阵 *b* 的元素。

程序命令:

```
>>a = [1 2 3;4 5 6;7 8 9];b = [1 10 20;9 11 8]
>>c = ismember(a,b)
```

结果:

```
c = 1    0    0
    0    0    0
    0    1    1
```

【例 2-31】判断函数的使用。

程序命令:

```
>>p = [1 2 1 5];n = isreal(p)              %p 都是实数
>>p1 = [1 +5i 2 +6i;3 +7i 4 +8i];n1 = isreal(p1)   %p1 有非实数
>>x = 2.34;n2 = isnumeric(x)               %x 为数值型
>>x1 = num2str(x);n3 = isnumeric(x1)       %x1 为非数值型
```

结果:

```
n = 1
n1 = 0
n2 = 1
n3 = 0
```

【例 2 – 32】请编写程序，完成以下功能：
(1) 找出 10 ~ 20 的所有质数，将这些质数存放在一个行数组里。
(2) 求出这些质数之和。
(3) 求出 10 ~ 20 的所有非质数之和（包括 10 和 20）。
程序命令：

```
>> X = 10:20;
>> p1 = X(isprime(X))
>> s1 = sum(p1)
>> p2 = (X( ~isprime(X)))
>> s2 = sum(p2)
```

结果：

```
p1 = 11   13   17   19
s1 = 60
p2 = 10   12   14   15   16   18   20
s2 = 105
```

【例 2 – 33】判断矩阵 *A* 所有的元素都是非零的，检测矩阵 *B* 每一列是否全为非零元素
程序命令：

```
>> A = [1 0 1;2 3 5;9 10 0];  B = [0 0 0;4 5 0;7 8 0];
>> C = all(A)              %某列含有 0 元素的结果为 0
>> D = any(B)              %某列都是 0 元素的结果为 0
```

结果：

```
C = 1   0   0
D = 1   1   0
```

2.4.6　查找函数

语法格式：

find(A)	%A 是一个矩阵，查询非零元素的位置。如果 A 是一个行向量，则返回一个行向量；否则，返回一个列向量。如果 A 的元素全是零或者 A 为空，则返回一个空矩阵
[m,n] = find(A)	%返回矩阵 A 中非 0 项的坐标，m 为行数，n 为列数
[m,n] = find(A>2)	%返回矩阵 A 中元素值大于 2 的坐标，m 为行数，n 为列数
[m,n,v] = find(A)	%返回矩阵 A 中非 0 项的坐标，并将数值按列放在 v 中

【例 2-34】建立脚本程序,设 A 是 3 维魔方矩阵,求:
(1) 返回矩阵 A 中大于 5 的元素的坐标;
(2) 查找第 2 列中等于 5 的元素的坐标;
(3) 查找矩阵 A 中等于 9 的元素的坐标。

程序命令:

```
>>A = magic(3)
>>[m,n] = find(A>5)          %查找大于 5 的元素的坐标
>>find(A(:,2)==5)            %查找第 2 列中等于 5 的元素的坐标
>>[m1,n1] = find(A==9)       %查找等于 9 的元素的坐标
```

结果:

```
A = 8    1    6
    3    5    7
    4    9    2
```

矩阵 A 中大于 5 的元素的坐标:

```
m = 1                        n = 1
    3                            2
    1                            3
    2                            3
```

矩阵 A 第 2 列中等于 5 的元素的坐标:

```
ans = 2
```

矩阵 A 中等于 9 的元素的坐标:

```
m1 = 3                       n1 = 2
```

2.4.7 测试向量函数

1. 测试向量元素存在零值

语法格式:

```
all(x)       %x 为向量。若 x 的所有元素都不为 0,则 all(x) 返回 1;否则,返回 0
```

例如:

```
>>A = [1 3 2 0 6];all(A)
```

结果为 0。

2. 测试向量元素存在非零值

语法格式:

```
any(A)       %测试向量或矩阵 A 中是否有非零值。如果有非零值,就返回 1;否则,返回 0
```

例如：

```
>>B=[2 0 3;5 0 1;7 0 9]
>>any(B)
```

结果：

```
B = 2    0    3
    5    0    1
    7    0    9
ans = 1    0    1
```

2.4.8 日期时间函数

MATLAB 的常用日期时间函数如表 2 – 15 所示。

表 2 – 15　常用日期时间函数

函数	操　作
tic( )	用来记录 MATLAB 命令执行的时间并保存当前时间
clock( )	显示系统当前日期，需要使用"format short g"指定显示格式
now( )	获取系统当前时间至 0000 年的天数，以浮点型常量表示
datetime( )	获取系统当前日期、时间，并显示字符 datetime
year(日期)	获取指定日期的年
month(日期)	获取指定日期的月
day(日期)	获取指定日期的日
date( )	获取系统当前的日期。格式：日 – 月 – 年
today( )	获取系统当前时间至 0000 年的天数，以整型常量表示
datenum(日期)	给出 0000 年到给定时间的天数
weekday(日期)	获取指定日期的星期数 + 1
yeardays(年份)	某一年有多少天
eomday(年,月)	给出指定年月最后一天日期
etime(t1,t2)	估算 t2 到 t1 两次命令之间的时间间隔
calendar	获取当前月的日历，包括日期和星期
toc( )	记录程序完成时间，与 tic( )联用，记录 MATLAB 命令执行的时间

说明：

（1）无参函数的小括号均可以省略。例如：tic( )可用 tic 代替；clock( )可用 clock 代替。

（2）year、month、day、today、datetime 等函数需要在 MATLAB 附加功能中安装"Financial Toolbox"工具箱后才能使用。

【例 2 – 35】日期时间函数的使用。

程序命令：

```
tic();                                      % 开始计时
format short g                              % 指定格式显示
T1 = clock()                                % 显示日期、时间
d1 = now()
datetime()                                  % 获得当前日期时间
y = year(now)                               % 获取当前年份
m = month(now)                              % 获取当前月份
d = day(now)                                % 获取0000年到今天的天数
todaydate = date()                          % 获取当前日期
T = today()
datenum1 = datenum('12-31-2020')            % 给出0000年到给定时间的天数
[a,b] = weekday('2019-8-15')                % b为指定日期的星期数,a为指定日期第2天星期数
toyears = yeardays(2019)                    % 某一年有多少天
dd = eomday(2019,2)                         % 给出2019年2月最后日期
T2 = clock()                                % 当前日期时间
calendar                                    % 获取系统当前月的日历
timecal = etime(t2,t1)                      % 计算消耗 t2-t1 的所用时间
toc
```

结果:

```
T1 = 2019    8   14   12   56   55.348
d1 = 7.3765e+05
ans = datetime
    2019-08-14 12:56:55
y = 2019
m = 8
d = 14
todaydate = '14-Aug-2019'
T = 737651
datenum1 = 738156
a = 5
b = 'Thu'
toyears = 365
dd = 28
T2 = 2019    8   14   12   56   55.363
                Aug 2019
    Su      M      Tu      W      Th      F      Sa
     0      0       0      0       1      2       3
     4      5       6      7       8      9      10
    11     12      13     14      15     16      17
    18     19      20     21      22     23      24
    25     26      27     28      29     30      31
```

```
0    0    0    0    0    0    0    0
```
timecal = 0.015
时间已过 0.022852 秒。

2.4.9 文件操作函数

MATLAB 的文件操作函数如表 2 – 16 所示。

表 2 – 16 文件操作函数

函数名	含义	函数名	含义
fclose(fid)	关闭指定标识文件	fscanf(fid)	读取标识文件格式化数据
fopen(fid)	打开指定标识文件	feof(fid)	测试标识文件是否结束
fread(fid)	从标识文件中读取二进制数据	ferror(fid)	测试标识文件输入输出错误
fwrite(fid)	把二进制数据写入标识文件	fseek(fid)	设置标识文件位置指针
fgetl(fid)	逐行从标识文件中读取数据	sprintf(%x)	按照%字母输出格式化字符
fgets(fid)	读取标识文件行保留换行符	sscanf(str,%x)	用格式控制读取字符串

【例 2 – 36】文件操作的使用。
程序命令：

```
>> clear;clc;
>> fid = fopen('file1.dat','w +');    %创建并打开 file1.dat 文件
>> A = [1:10];                         %创建数组 A,元素为 1~10
>> count = fwrite(fid,A);              %将数组 A 写入文件
>> fseek(fid,0,'bof');                 %指针指向第 1 个元素
>> f1 = fgets(fid)                     %读取数据到 f1
>> f1 = sprintf('%3d',f1)              %输出 f1 数据
>> fseek(fid,4,'bof');                 %指针指向第 5 个元素
>> f2 = fgets(fid)                     %读取数据到 f2
>> f2 = sprintf('%3d',f2)              %输出 f2 数据
>> Str = [97 99 100];
>> str1 = sprintf('%s',Str);
>> team1 = '中国首都';
>> team2 = '北京';
>> str2 = sprintf('%s 是%s',team1,team2)
>> pi = sprintf('圆周率 pi = %4.2f',pi)
```

结果：

```
f1 = 1  2  3  4  5  6  7  8  9  10
f2 = 5  6  7  8  9 10
str1 = acd
str2 = 中国首都 是 北京
pi = 圆周率 pi = 3.14
```

2.4.10 句柄函数

MATLAB 提供了一种间接访问函数的方式，既可以用函数名实现，也可使用句柄（handle）实现。在已有函数名前添加符号@，即可创建函数句柄（handle）。

创建句柄的语法格式：

```
handle = @functionname
```

或

```
fun1 = @functionname
```

调用句柄的语法格式：

```
fun1(arg1,arg2,…,argn)
```

也可通过匿名函数来创建一个函数句柄。

【例 2-37】使用句柄函数。

程序命令：

```
>>sqr = @(x)x.^2
>>a = sqr(5)
>>fun = @(x,y)x.^2 + y.^2;
>>b = fun(2,3)
```

结果：

```
a = 25
b = 13
```

2.5 MATLAB 数组表示

2.5.1 结构体数组

1. 定义结构体数组

结构体数组是指根据字段组合起来的不同类型的数据集合。

【例 2-38】定义 1×2 结构体数组 student，表示 2 个学生成绩。

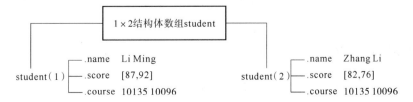

程序命令：

```
>> student(1).name ='Li Ming';student(1).course =[10135 10096];student(1).score =[87 92];
>> student(2).name ='Zhang Li';student(2).course =[10135 10096];student(2).score =[82 76];
>> n1 = student(1)
>> n2 = student(2)
>> student(2).name
```

结果：

```
n1 = name:'Li Ming'
     course:[10135 10096]
     score:[87 92]
n2 = name:'Zhang Li'
     course:[10135 10096]
     score:[82 76]
ans = Zhang Li
```

结构体通过字段（fields）来对元素进行索引，在访问时只需通过点号来访问数据变量。结构体既可以通过直接赋值的方式来创建，也可以通过结构函数 struct 来创建。

语法格式：

```
strArray = struct('field1',val1,'field2',val2,…)
```

其中，'field' 和 val 分别为字段和对应值。

字段值可以是单一值或单元数组，但是必须保证它们具有相同的大小。

若输入：

```
stu = struct('name','Wang Fang','course',[10568 10063],'score',[76 82])
```

结果：

```
stu = name:'Wang Fang'
course:[10568 10063]
score:[76 82]
```

也可以直接输入：

```
>> student.name ='Li Ming';
>> student.score =[87 92];
>> student.course =[10568 10063]
…
```

2. 使用结构体数组

MATLAB 的常见结构体数组操作函数如表 2 – 17 所示。

表 2-17　常见结构体数组操作函数

函数名	功能描述	函数名	功能描述
deal(X)	把输入变量 X 处理成输出	fieldnames(stu)	获取结构的字段名
getfield(field)	获取结构中指定字段的值	rmfield(field)	删除结构 field 字段
setfield(field)	设置结构体数组中 field 字段的值	struct(数组值)	创建结构体数组内容
struct2cell(stu)	结构体数组转化成元胞数组	isfield(field)	判断是否存在 field 字段
isstruct(X)	判断变量 X 是否为结构类型	orderfields(str)	对字段按照字符串进行排序

【例 2-39】根据例 2-38 中结构体数组 student 的定义，进行结构体数组操作。
程序命令：

```
>> isstruct(student)                                    % 判断是否为结构体数组
>> isfield(student,{'name','score','weight'})           % 判断结构字段是否存在
>> fieldnames(student)                                  % 显示结构字段名
>> setfield(student(1,1),'name','Wang Hong')            % 赋值多一个参数并影响原字段的值
>> getfield(student,{1,1})                              % 显示结构体数组中指定字段的数据
>> student(1,1)                                         % 显示结构体数组的第一个数据
>> [name1,order1] = orderfields(student)                % 显示排序后字段名和排序前序号
```

结果：

```
ans = 1
ans = 1    1    0
ans = 'name'
      'course'
      'score'
ans = name:'Wang Hong'
      course:[10135 10096]
      score:[87 92]
ans = name:'Li Ming'
      course:[10135 10096]
      score:[87 92]
ans = name:'Li Ming'
      course:[10135 10096]
      score:[87 92]
name1 = 1×2 struct array with fields:
       course
       name
       score
order1 = 2
         1
         3
```

2.5.2 元胞（单元）数组

元胞数组是 MATLAB 特有的一种数据类型，其组成元素是元胞，元胞是用来存储不同类型数据的单元。元胞数组中的每个元胞存储一种类型的数组，此数组中的数据可以是任何一种 MATLAB 数据类型或用户自定义的类型，其大小也可以是任意的。在同一元胞数组中，第2个元胞的类型、大小可与第1个元胞完全不同。例如，2×2 元胞数组结构如图 2.4 所示。

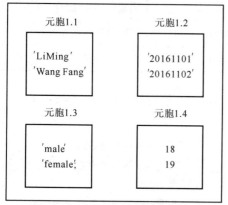

图 2.4 元胞数组结构

说明：

元胞数组可以将不同类型或不同尺寸的数据存储在同一个数组。访问元胞数组的方法与访问矩阵的方法基本相同，区别在于访问元胞数组时，需要用大括号 { } 将下标置于其中。

创建元胞数组与创建矩阵基本相同，区别在于创建矩阵用 [ ]，创建元胞数组用 { }。

1. 创建元胞数组

1) 直接创建

语法格式：

```
cell(m,n)           %创建规格为 m×n 的空元胞数组
```

或用大括号 { } 创建元胞数组并赋值。

例如：

```
>>a = cell(2,3);b = {'s1',[1,2,3];88,'name'}
```

结果：

```
a = []    []    []
    []    []    []
b ='s1'   [1×3 double]   [88]   'name'
```

2) 用 cellstr 将字符数组转换成元胞数组

程序命令：

```
>>B = char('姓名','住址','联系方式');
>>C = cellstr(B)
```

结果：

```
C ='姓名'
   '住址'
   '联系方式'
```

2. 元胞数组操作

元胞数组操作函数如表 2-18 所示。

表 2-18 元胞数组操作函数

函数名	功能描述	函数名	功能描述
celldisp(A)	显示元胞数组 A 的内容	cellstr(A)	创建字符串数组 A 为元胞数组
cellplot(A)	对元胞数组 A 的结构进行图形描述	iscell(A)	判断 A 是否为元胞数组

（1）获取指定元胞的大小，用（ ）。
（2）获取元胞的内容，用 { }。
（3）获取指定元胞数组指定元素，用 { } 和（ ）。

程序命令：

```
>>a = cell(2,3);b = {'s1',[10,20,30],88,'name'}
>>c = b(1,3)
>>d = b{1,3}
>>e = b{1,2}(1,3)
```

结果：

```
c = [88]
d = 88
e = 30
```

例如，创建元胞数组（一维）。

程序命令：

```
>>a = {[2 4 7;3 9 6;1 8 5],'Li Ming',2 + 3i,1:2:10}
```

结果：

```
a = [3 ×3 double]    'Li Ming'    [2.0000 +3.0000i]    [1 ×5 double]
```

3. 元胞数组的删除

对元胞数组向量的下标赋空值相当于删除元胞数组的行或列。

例如，删除元胞数组的列。

程序命令：

```
>>a(:,2) = [ ]
```

结果：

```
a = [3 ×3 double]    [2.0000 +3.0000i]    [1 ×5 double]
```

说明：

　　直接在命令窗输入元胞数组名，可显示单元数组的构成单元。使用 celldisp 函数可显示单元元素，利用索引可以对单元数组进行运算操作。

【例 2-40】 使用元胞数组。

程序命令：

```
>>A{1,1} =[2 5;7 3];
>>A{1,2} = rand(3,3);
>>celldisp(A)              % 显示元胞数组
>>B = sum(A{1,1})          % 求 A{1,1}列的和
>>a = iscell(A)            % 判断 A 是否为元胞数组
>>C = {'身高','体重','年龄';176,70,30};
>>cellplot(C,'legend')
```

结果：

```
A{1} = 2    5
       7    3
A{2} = 0.4447   0.9218   0.4057
       0.6154   0.7382   0.9355
       0.7919   0.1763   0.9169
B = 9    8
a = 1
```

不同数据类型的元胞数组元素用不同的颜色表示，如图 2.5 所示。

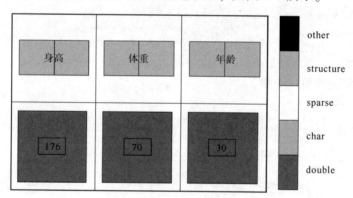

图 2.5 元胞数组图形表示

2.6 数组集合运算

2.6.1 交运算

交运算的结果既属于矩阵 A 也属性矩阵 B。若矩阵 A 中的元素在矩阵 B 中不存在，则结果为空矩阵：0×1。

语法格式：

```
intersect(A,B)          %A 与 B 的交运算,结果显示为列
```

2.6.2 差运算

矩阵 A 减矩阵 B 的差矩阵称为矩阵差运算。若矩阵 A 中的元素都在矩阵 B 中存在,则结果为空矩阵:0×1。

语法格式:

```
setdiff(A,B)            %A 与 B 的差运算
```

2.6.3 并运算

矩阵的并运算可以将多个矩阵合并成一个列序列集。若矩阵 A 中的元素都在矩阵 B 中存在,则结果按照矩阵 A 或矩阵 B 的值大小依次按列排列。

语法格式:

```
union(A,B)              %A 与 B 的并运算
```

2.6.4 异或运算

属于矩阵 A 或属于矩阵 B,但不同时属于矩阵 A 和 B 的元素的集合称为矩阵 A 和 B 的对称差,即矩阵 A 和 B 的异或运算。若矩阵 A 中的元素都在矩阵 B 中存在,则结果为空矩阵:0×1。

语法格式:

```
setxor(A,B)             %A 与 B 的异或运算
```

【例 2-41】已知矩阵 A 和 B,求它们的交、差、并及异或运算。

程序命令:

```
>>A = [1 2 3;4 5 6;7 8 9]
>>B = [0 1 2;30 6 9;21 22 3]
>>a = intersect(A,B)
>>b = setdiff(A,B)
>>c = union(A,B)
>>d = setxor(A,B)
```

结果:

```
A = 1    2    3
    4    5    6
    7    8    9
B = 0    1    2
    30   6    9
    21   22   3
```

```
a = 1
    2
    3
    6
    9
b = 4
    5
    7
    8
c = 0
    1
    2
    3
    4
    5
    6
    7
    8
    9
    21
    22
    30
d = 0
    4
    5
    7
    8
    21
    22
    30
```

第3章 多项式与符号计算

3.1 多项式表示

MATLAB 把多项式表示为行向量,该向量中的元素按多项式降幂排列。例如,多项式 $f(x) = a_n x^n + a_{n-1} x^{n-1} + \cdots + a_0$ 可用行向量 $p = \begin{bmatrix} a_n & a_{n-1} & \cdots & a_1 & a_0 \end{bmatrix}$ 表示。

3.1.1 直接建立多项式

由于 MATLAB 自动将向量元素按降幂顺序分配给各系数,所以可按照由高到低的顺序依次输入向量元素,直接建立多项式。若中间有缺项,则添加零。例如,建立多项式 $P(x) = x^5 + 3x^4 + 11x^3 + 25x + 36$。

程序命令:

```
>> P = [1 3 11 0 25 36]
```

3.1.2 使用函数建立多项式

使用函数建立多项式有以下两种方法:

(1) 使用函数 sym2poly 将向量表示的多项式转化为多项式系数,由最高项系数依次输出。

例如:

```
>> syms x;
>> sym2poly(7*x^3 + 3*x^2 - 5*x - 18)
```

结果：

```
7   3   -5   -18
```

（2）使用 poly2sym 把系数组转换成符号多项式。

例如：

```
>>sym x;
>>poly2sym([3 5 4],x);
```

结果：

```
ans = 3 * x^2 +5 * x +4
```

3.2 多项式算术运算

3.2.1 多项式的加减运算

多项式的加减运算就是其相同幂次系数向量的加减运算，如果两个多项式的幂次不同，则应该把低幂次多项式中不足的高幂次项用 0 补足，然后进行加减运算。对于加减运算，直接添加加减运算符即可完成。

【例 3-1】已知 $p1 = 3x^3 + 5x^2 + 7$，$p2 = 2x^2 + 5x + 3$，计算 $P1 = p1 + p2$ 和 $P2 = p1 - p2$。

程序命令：

```
>>p1 =[3 5 0 7];p2 =[0 2 5 3];
>>P1 = p1 + p2
>>P2 = p1 - p2
```

结果：

```
P1 = 3   7   5   10
P2 = 3   3   -5   4
```

3.2.2 多项式的乘除运算

使用命令 conv 和 deconv 可以分别进行多项式的乘、除运算。

语法格式：

```
k = conv(p,q)              % 多项式相乘
[q,r] = deconv(a,b)        % 多项式相除,q 为商多项式,r 为余数多项式
```

【例 3-2】已知 $a = 6x^4 + 2x^3 + 3x^2 + 12$，$b = 3x^2 + 2x + 5$，求 $c = a \times b$，$d = a/b$。

程序命令：

```
>>a = [6 2 3 0 1 2 ];b = [3 2 5];
>>c = conv(a,b)
[d,r] = deconv(a,b)
```

结果:

```
c = 18    18    43    16    51    24    60
d = 2.0000   -0.6667   -1.8889
r = 0    0    0    7.1111    21.4444
```

说明:

多项式相乘就是两个代表多项式的行向量的卷积。如果两个以上多项式相乘, 则 conv 指令使用嵌套, 如 conv(conv(a,b),c)。

3.3 多项式求根

3.3.1 求多项式特征值(多项式的根)

使用命令 roots 可以求出多项式等于 0 的根, 即该命令可以用于求高次方程的解。根用列向量表示。

语法格式:

```
r = roots(p)
```

3.3.2 求特征多项式系数

若已知多项式等于 0 的根, 则可以使用 poly 命令求出相应多项式的系数。

语法格式:

```
p = poly(r)
```

说明:

(1) 特征多项式一定是 $n+1$ 维的。

(2) 特征多项式的第一个元素一定是 1。

(3) 若要生成实系数多项式, 则根中的复数必定对应共轭, 生成的多项式向量包含很小的虚部时, 可用命令 real 将其过滤。

【例 3-3】 求方程 $x^4 - 12x^3 + 25x - 16 = 0$ 的根, 并根据根构造多项式。

程序命令:

```
>>p = [1 -12 0 25 -16];
>>r = roots(p)
>>r1 = real(r)
>>p = poly(r)
```

结果：
```
r =   11.8311 +0.0000i
      -1.6035 +0.0000i
       0.8862 +0.2408i
       0.8862 -0.2408i
r1 =  11.8311
      -1.6035
       0.8862
       0.8862
p =1.0000    -12.0000    0.0000    25.0000    -16.0000
```

3.4 多项式求导

使用命令 polyder，可以对多项式求导。
语法格式：

```
k = polyder(p);           % 返回多项式 p 的一阶导数系数
k = polyder(p,q);         % 返回多项式 p 与 q 乘积的一阶导数系数
[k,d] = polyder(p,q);     % 返回 p/q 的导数，k 是分子，d 是分母
```

【例3-4】已知 $p1 = 3x^3 + 5x^2 + 7$，$p2 = 2x^2 + 5x + 3$，求 p1 的导数、p1 与 p2 乘积的导数，以及 p1 与 p2 商的导数。
程序命令：

```
>>p1 = [3 5 0 7];p2 = [0 2 5 3]
>>pp1 = polyder(p1)
>>pp2 = polyder(p1,p2)      % 等价于 pp2 = polyder(conv(p1,p2))
>>[k,d] = polyder(p1,p2)
```

结果：
```
pp1 =9      10      0
pp2 =30    100    102    58    35
k = 6       30     52     2    -35
d = 20      37     30     9
```

3.5 多项式求解

3.5.1 计算多项式数值解

利用多项式求值函数 polyral 可以求得多项式在某一点的值。

语法格式：

```
polyval(p,n)            %返回多项式p在n点的值
```

【例3-5】求多项式 $p = 3x^4 + 8x^3 + 18x^2 + 16x + 15$ 在 $x = 2,3,4$ 的解。

程序命令：

```
>>p1=[3,8,18,16,15];
>>x=[2 3 4]
>>p=polyval(p1,x)
```

结果：

```
P=231    684    1647
```

3.5.2 多项式拟合解

利用多项式拟合解函数 polyfit 可以拟合多项式的系数。

语法格式：

```
Y=polyfit(x,y,n)        %拟合唯一确定n阶多项式的系数
```

其中，n 表示多项式的最高阶数，x、y 为将要拟合的数据。它是用数组的方式输入，输出参数 y 为拟合多项式 $y = a_n x^n + a_{n-1} x^{n-1} + \cdots + a_1 x + a_0$，共有 $n+1$ 个系数。polyfit 只适合于形如 $y = a_k x^k + a_{k-1} x^{k-1} + \cdots + a_1 x + a_0$ 的完全一元多项式的数据拟合。

【例3-6】设数组 $y = [-0.447\ 1.978\ 3.28\ 6.16\ 7.08\ 7.34\ 7.66\ 9.56\ 9.48\ 9.30\ 11.2]$，在横坐标 $0\sim1$ 对 y 进行二阶多项式拟合，并画图表示拟合结果。

程序命令：

```
>>y=[-0.447 1.978 3.28 6.16 7.08 7.34 7.66 9.56 9.48 9.30 11.2];
>>x=0:0.1:1;
>>y1=polyfit(x,y,2);
>>z=polyval(y1,x);
>>plot(x,y,'r*',x,z,'b-');%绘图
```

结果：

二阶多项式拟合曲线如图 3.1 所示。

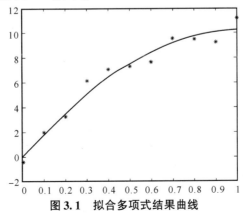

图 3.1 拟合多项式结果曲线

plot 函数的使用方法见 6.1.1 节。

3.6　MATLAB 中的符号运算

符号运算与数字运算的区别：在数值运算中，必须先对变量赋值才能参与运算；在符号运算中，无须事先对独立变量赋值，运算结果以标准的符号形式表达。也就是说，在数值计算中，矩阵变量不允许有未定义的变量；而在符号计算中，可以含有未定义的符号变量。

3.6.1　建立符号变量与符号表达式

在数学表达式中，一般习惯于使用排在字母表中前面的字母作为变量的系数，而排在后面的字母表示变量。例如：

$$f(x) = ax^2 + bx + c$$

其中，a，b，c 通常被认为是常数，用作变量的系数；而将 x 看作自变量。MATLAB 提供了 sym 和 syms 两个建立符号变量的函数。

1. sym 函数

sym 函数用于定义单个符号变量。
语法格式：

```
符号变量名 = sym('符号字符串')      %符号字符串可以是常量、变量、函数或者表达式
```

例如：

```
x = sym('x'); y = sym('y'); z = sym('z');
```

2. syms 函数

syms 函数用于定义多个符号变量。
语法格式：

```
syms 符号变量1 符号变量2 …符号变量n      %符号变量名之间必须用空格隔开
```

例如：

```
syms x y z;
```

或

```
syms('x','y','z')
```

3. 建立符号表达式

在 MATLAB 中，可利用单引号或函数来建立符号表达式。

【例3-7】定义符号变量。

程序命令：

```
>>x = sym('x');y = sym('y');z = sym('z');
>>a = [1,3,5];b = [3,7,9];c = [11,12,13];
>>Y = a*x + b*y + c*z
```

结果：

Y = [x + 3*y + 11*z,3*x + 7*y + 12*z,5*x + 9*y + 13*z]

4. 符号变量与符号表达式

语法格式：

F = '符号表达式'

例如：

f = 'sin(x) + 5x'   %表达式用单引号括起来

其中，f 为符号变量名，sin(x) + 5x 为符号表达式，' '为符号标识，符号表达式一定要用单引号括起来才能被 MATLAB 识别。引号内容可以是符号表达式，也可以是符号方程。

例如：

f1 = 'a*x^2 + b*x + c'   %二次三项式
f2 = 'a*x^2 + b*x + c = 0'   %方程
f3 = 'Dy + y^2 = 1'   %微分方程

可以将符号表达式或符号方程赋给符号变量，便于以后调用；也可以不赋给符号变量，而将其直接参与计算。

5. 符号矩阵的创建

语法格式：

A = sym('[ ]')

说明：

符号矩阵的输入方式与输入数值矩阵相同，必须使用 sym 指令定义，且必须用' '单引号标识，若定义数值矩阵必须是数值，否则不能识别。例如，A = [1,2;3,4] 可以，但 A = [a,b;c,d] 则出错，应使用：

A = sym('[a,b;c,d]')

结果：

A = [a,b]
    [c,d]

符号矩阵的每一行两端都有方括号，这是与 MATLAB 数值矩阵的一个重要区别。若用字符串直接创建矩阵，则须保证同一列中各元素字符串有相同的维度。可以先使用 syms 函

数定义 a、b、c、d 为符号变量,再建立符号矩阵。方法是:

```
syms a b c d
A = [a,b;c,d]
```

也可以使用:

```
A = ['[a,b]';'[c,d]']
```

3.6.2 符号基本运算

因为符号运算无须进行数值运算,不会出现误差,因此符号运算是非常准确的。符号运算可以得出完全封闭解或任意精度的数值解。但是,符号运算比数值运算的速度慢。

1. 符号基本运算

符号基本运算包括算术运算、关系运算。其中,算术运算仅实现对应元素的加减,其余运算列出相应运算符号表达式即可;关系运算仅列出相应的关系表达式。

【例3-8】使用脚本建立程序,进行算术运算与关系运算。

程序命令:

```
>> syms x y;
>> g1 = 'x^2 + 2 * x + 1;           %定义符号函数
>> g2 = 3 * x^2 + 7 * x + 10;
>> G1 = g1 + g2
>> G2 = g1 - g2
>> G3 = g1. * g2
>> G4 = g1/g2
>> G5 = g1 >= g2
```

结果:

```
G1 = 4 * x^2 + 9 * x + 11
G2 = -2 * x^2 - 5 * x - 9
G3 = (x^2 + 2 * x + 1) * (3 * x^2 + 7 * x + 10)
G4 = (x^2 + 2 * x + 1)/(3 * x^2 + 7 * x + 10)
G5 = 3 * x^2 + 7 * x + 10 < = x^2 + 2 * x + 1
```

2. 提取分子和分母

如果符号表达式是一个有理分式或可以展开为有理分式,则可利用 numden 函数来提取符号表达式中的分子或分母。

语法格式:

```
[n,d] = numden(s)            %n 为表示分子,d 表示分母
```

例如:

```
syms x y;
g1 = x^2 + 2*x + 1;g2 = 3*x^2 + 7*x + 10;G = g1/g2;
[n,d] = numden(G)
```

结果:

```
n = x^2 + 2*x + 1
d = 3*x^2 + 7*x + 10
```

3. 因式分解与展开

语法格式：

```
F = factor(f)      % 对 f 多项式进行因式分解,也可用于正整数的分解
F = expand(f)      % 对多项式 f 展开
F = collect(f)     % 对于多项式 f 中相同变量且幂次相同的项合并系数,即合并同类项
F = collect(f,v)   % 按变量 v 进行合并同类项
```

【例3-9】建立脚本程序，对多项式 f 及常数 y 进行分解并展开显示。

程序命令:

```
>> syms x;f = x^9 - 1;f = factor(f)
>> y = 2025;
>> y1 = factor(y)
>> y2 = factor(sym(y))
>> y3 = poly2sym(y2)
```

结果:

```
f = [ x-1,x^2 + x + 1,x^6 + x^3 + 1]
y1 = 3    3    3    3    5    5
y2 = [ 3,3,3,3,5,5]
y3 = 3*x^5 + 3*x^4 + 3*x^3 + 3*x^2 + 5*x + 5
```

【例3-10】建立脚本程序，展开三角函数和多项式，并对展开的多项式提取其系数及变量。

程序命令:

```
>> syms x y z;f = sin(2*x) + cos(2*y);   f1 = expand(f)
>> f0 = (z+1)^8;f2 = expand(f0)
>> [p,x1] = coeffs(f2,'z')
```

结果:

```
f1 = 2*cos(x)*sin(x) + 2*cos(y)^2 - 1
f2 = z^8 + 8*z^7 + 28*z^6 + 56*z^5 + 70*z^4 + 56*z^3 + 28*z^2 + 8*z + 1
p = [1,8,28,56,70,56,28,8,1]
x1 = [z^8,z^7,z^6,z^5,z^4,z^3,z^2,z,1]
```

【例3-11】 建立脚本程序，使用合并同类项。

程序命令：

```
>> g1 = sym('x^2 + 2 * x + 1');g2 = sym('x + 1');
>> G1 = g1 * g2
>> G2 = g1 / g2
>> R1 = collect(G1)            %按符号合并同类项
>> R2 = collect(G2)
```

结果：

```
G1 = (x + 1) * (x^2 + 2 * x + 1)
G2 = (x^2 + 2 * x + 1)/(x + 1)
R1 = x^3 + 3 * x^2 + 3 * x + 1
R2 = x + 1
```

说明：

针对符号乘除运算，可以使用 collect( ) 合并结果。

4. 符号表达式的化简

语法格式：

```
simplify(S);              %对表达式S进行化简
```

【例3-12】 化简下列表达式：

$$w1 = \frac{a^4}{(a-b)(a-c)} + \frac{b^4}{(b-c)(b-a)} + \frac{c^4}{(c-b)(c-b)}$$

$$w2 = 2\sin(x)\cos(x)$$

程序命令：

```
>> syms a b c x;
>> w1 = a^4/((a-b) * (a-c)) + b^4/((b-c) * (b-a)) + c^4/((c-a) * (c-b));
>> w2 = 2 * sin(x) * cos(x);
>> w11 = simplify(w1)
>> w22 = simplify(w2)
```

结果：

```
w11 = a^2 + a * b + a * c + b^2 + b * c + c^2
w22 = sin(2 * x)
```

【例3-13】 建立脚本程序，化简计算多项式。

$$f1(x) = e^{c\log\sqrt{a+b}}$$

$$f2(x) = \sqrt[3]{\frac{1}{x^3} + \frac{6}{x^2} + \frac{12}{x} + 8}$$

$$f3 = \sin^2(x) + \cos^2(x)$$

程序命令：

```
>> syms a b c x;
>> f1 = exp(c*log(sqrt(a+b)));f2 = (1/x^3 +6/x^2 +12/x +8)^(1/3);
>> f3 = sin(x)^2 +cos(x)^2;
>> y1 = simplify(f1);y2 = simplify(f2);y3 = simplify(f3)
```

结果:

```
y1 = (a+b)^(c/2)
y2 = ((2*x+1)^3/x^3)^(1/3)
y3 = 1
```

5. 符号表达式与数值表达式之间的转换

（1）利用 sym 函数，可以将数值表达式表示成符号表达式。

（2）使用 eval 函数，可以将符号表达式转换成数值表达式并计算。

例如:

```
>> s ='sin(pi/4) +(1 + sqrt(5))/2'
>> b = eval(s)
```

结果:

```
s = sin(pi/4) +(1 + sqrt(5))/2
b = 2.3251
```

（3）使用 subs 替换函数。

语法格式:

```
subs(S,NEW,OLD)           % S 表示字符表达式,使用 NEW 替换 OLD
```

【例3-14】设 $w1 = ((a+b)(a-b))^2$，在 $w1$ 表达式中，先用3替换字符 a，再用1、2分别替换字符 a、b。

程序命令:

```
>> syms a b;
>> w1 = ((a+b)*(a-b))^2
>> w2 = subs(w1,a,3)
>> w3 = subs(w1,[a,b],[1,2])
```

结果:

```
w1 = (a+b)^2*(a-b)^2
w2 = (b-3)^2*(b+3)^2
w3 = 9
```

6. 复合函数与反函数

若 g 是 y 的函数，x 是 g 的函数，即 $y=f(g)$，$g=y(x)$，则将 y 关于 x 的函数 $f(y(x))$ 称为复合函数，g 为中间变量。

若 g 是 y 的函数，$y=f(g)$，则存在 $y=f(g)$ 的反函数 $g=f(y)$。

语法格式：

```
compose(f,g)              %返回复合函数 f(g(x))
g = finverse(f)           %返回反函数 f(y)
```

【例3-15】求复合函数及反函数。

程序命令：

```
syms x y g t;
f = cos(x/t); y = sin(y/g);
x1 = compose(f,y)
f = log(x);
x2 = finverse(f)
```

结果：

```
x1 = cos(sin(y/u)/t)
x2 = exp(x)
```

7. 对分数多项式通分

语法格式：

```
[N,D] = numden(f)         %f 为分数多项式
```

说明：

对分数多项式 f 通分，N 为通分后的分子，D 为通分后的分母。

【例3-16】通分计算分式：

$$f(x) = \frac{x+3}{y+2} + \frac{y-5}{x^2+1}$$

程序命令：

```
>> syms x y;
>> f = (x +3)/(y +2) + (y -5)/(x^2 +1);
>> [N,D] = numden(f)
```

结果：

```
N = x^3 +3*x^2 +x +y^2 -3*y -7
D = (x^2 +1)*(y +2)
```

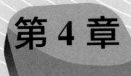

第4章 MATLAB 在高等数学中的计算

4.1 傅里叶变换与反变换

4.1.1 傅里叶变换

语法格式:

```
F = fourier(f,t,w)        %求时域函数 f(t)的傅里叶变换
```

说明:

返回结果 F 是符号变量 w 的函数,当省略参数 w 时,默认返回结果为 w 的函数;f 为 t 的函数,当省略参数 t 时,默认自由变量为 x。

4.1.2 傅里叶反变换

语法格式:

```
f = ifourier(F)           %求频域函数 F 的傅里叶反变换 f(t)
f = ifourier(F,w,t)       %求频域函数 F 指定 w 变量、t 算子的傅里叶反变换 f(t)
```

【例 4-1】使用傅里叶变换及反变换。

程序命令:

```
>> syms t w
>> F = fourier(1/t,t,w)          %傅里叶变换
>> ft = ifourier(F,t)            %傅里叶反变换
>> f = ifourier(F)               %傅里叶反变换默认 x 为自变量
```

结果:

```
F =
 -pi*sign(w)*1i
ft =  1/t
f =   1/x
```

说明:

sign(w)为符号函数,即

$$f(t) = \begin{cases} 1, & t \geq 0 \\ 0, & t < 0 \end{cases}$$

4.2 拉普拉斯变换与反变换

4.2.1 拉普拉斯变换

语法格式:

```
F = laplace(f,t,s)        %求时域函数f的拉普拉斯变换F
```

说明:

拉普拉斯变换也称拉氏变换,返回结果F为s的函数。当省略参数s时,返回结果F默认为s的函数;f为t的函数,当省略参数t时,默认自由变量为t。

4.2.2 拉普拉斯反变换

语法格式:

```
f = ilaplace(F,s,t)       %求F的拉普拉斯反变换f
```

说明:

把s转换成t的函数。

【例4-2】求$f(t) = \cos(at) + \sin(at)$的拉普拉斯变换和反变换。

程序命令:

```
>> syms a t s
>> F1 = laplace(sin(a*t)+cos(a*t),t,s)
>> f = ilaplace(F1)
>> fx = ilaplace(sym('1/s'))
```

结果:

```
F1 = a/(a^2+s^2)+s/(a^2+s^2)
f = cos(a*t)+sin(a*t)
fx = 1
```

4.3 Z变换与Z反变换

4.3.1 Z变换

Z变换是对连续系统 f 进行的离散数学变换，常用于求解线性时不变差分方程的解。
语法格式：

```
Z = ztrans(f)           %求Z变换
```

4.3.2 Z反变换

将离散系统 z 变成连续系统的变换称为 Z 反变换。
语法格式：

```
fz = iztrans(z)         %求Z反变换
```

【例4-3】求 $f(x) = xe^{-10x}$ 的 Z 变换和 $f(z) = \dfrac{z(z-1)}{z^2+2z+1}$ 的 Z 反变换。

程序命令：

```
>>syms x,k,z;
>>f = x*exp(-x*10);                  %定义表达式
>>F = ztrans(f)                      %求Z变换
>>Fz = z*(z-1)/(z^2 +2*z +1);        %定义Z反变换表达式
>>F1 = iztrans(Fz)
```

结果：

```
F = (z*exp(10))/(z*exp(10) -1)^2
F1 = 3*(-1)^n + 2*(-1)^n*(n-1)
```

4.4 求极限

语法格式：

```
limit(f,x,a)    %求符号函数 f(x)的极限值。即计算当变量 x 趋近于常数 a 时,f(x)函数的极限值
limit(f,a)      %求符号函数 f(x)的极限值。由于没有指定符号函数 f(x)的自变量,则使用该
                 格式时,符号函数 f(x)的变量为函数 findsym(f)确定的默认自变量,即变量 x
                 趋近于 a
```

limit(f)	%求符号函数 f(x)的极限值。符号函数 f(x)的变量为函数 findsym(f)确定的默认变量;没有指定变量的目标值时,系统默认变量趋近于 0,即 a = 0 的情况
limit(f,x,a,right)	%求符号函数 f(x)的极限值。right 表示变量 x 从右边趋近于 a
limit(f,x,a,left)	%求符号函数 f(x)的极限值。left 表示变量 x 从左边趋近于 a
limit(f,x,a,inf)	%求符号函数 f(x)的极限值。inf 表示变量 x 趋近于无穷

【例 4 - 4】建立脚本程序求下列极限。

$$F1 = \lim_{x \to 0} \frac{x(e^{\sin x} + 1) - 2(e^{\tan x} - 1)}{\sin^3 x}$$

$$F2 = \lim_{x \to \infty} \frac{\sqrt{x + \sqrt{x}} - \sqrt{x}}{\sin(\pi/6)}$$

程序命令:

```
>> syms x;                    %定义 x 为符号变量
>> f1 = (x*(exp(sin(x))+1)-2*(exp(tan(x))-1))/sin(x)^3;
>> f2 = (sqrt(x+sqrt(x))-sqrt(x))/sin(pi/6)
>> F1 = limit(f1,x,0)         %求函数的极限
>> F2 = limit(f2.x,inf)
```

结果:

F1 = -1/2
F2 = 1

4.5 求导数

语法格式:

diff(s)	%没有指定变量和导数阶数,系统按 findsym 函数指示的默认变量对符号表达式 s 求一阶导数
diff(s,'v')	%以 v 为自变量,对符号表达式 s 求一阶导数
diff(s,n)	%按 findsym 函数指示的默认变量对符号表达式 s 求 n 阶导数,n 为正整数
diff(s,'v',n)	%以 v 为自变量,对符号表达式 s 求 n 阶导数

【例 4 - 5】建立脚本程序求下列导数。

$$f1 = \sin^2 x + 3x^5 + \sqrt{(x+1)^3}$$
$$f2 = \cos^2 x + \tan^{-1}(\log_e(x))$$

程序命令:

```
>> syms x;                    %定义符号变量
>> f1 = sin(x)^2 + 3*x^5 + sqrt((x+1)^3);
>> f2 = cos(x)^2 + atan(log(x))
```

```
>>F1=diff(f1,x)              %求函数的极限
>>F2=diff(f2,x)
```

结果：

```
F1=2*cos(x)*sin(x)+(3*(x+1)^2)/(2*((x+1)^3)^(1/2))+15*x^4
F2=1/(x*(log(x)^2+1))-2*cos(x)*sin(x)
```

【例 4-6】已知函数 $f1$，求 $f1$ 的二阶导数 $F1$ 及在 $x=2$ 的值 X。

已知 $f1=\dfrac{5}{\log_e(1+x)}$，求 $F1=\dfrac{d^2f}{dx}$，$X=\dfrac{d^2f}{dx}\Big|_{x=2}$。

```
>>syms x;
>>f1=5/log(1+x);
>>F1=diff(f1,x,2)
>>x=2;
>>X=eval(F1)
```

结果：

```
F1=5/(log(x+1)^2*(x+1)^2)+10/(log(x+1)^3*(x+1)^2)
X=1.2983
```

4.6 求积分

在 MATLAB 求积分，可以采用解析和小梯形面积求和两种方法，分别利用 int 函数和 quad 函数即可获得。

4.6.1 使用 int 函数求积分

int 函数是根据解析的方法求解，对定积分和不定积分均可得到解析的解，无任何误差，但速度稍慢。

语法格式：

```
int(s)          %没有指定积分变量和积分阶数时,系统按 findsym 函数指示的默认变量对被积
                函数或符号表达式 s 求不定积分
int(s,v)        %以 v 为自变量,对被积函数或符号表达式 s 求不定积分
int(s,v,a,b)    %求以 v 为自变量、符号表达式 s 的定积分运算。a,b 分别表示定积分的下限和上
                限。该函数求被积函数在区间[a,b]上的定积分。a,b 既可以是具体的数,也可以
                是符号表达式,还可以是无穷(inf)。当函数 f 关于变量 x 在闭区间[a,b]上可积
                时,函数返回定积分结果。当 a,b 中有一个是 inf 时,函数返回广义积分结果。当 a、
                b 中有一个符号表达式时,函数返回一个符号函数。
```

【例4-7】求以下函数的不定积分。

$$\int \cos 2x \sin 3x \, \mathrm{d}x$$

程序命令：

```
>> syms x;
>> f1 = cos(2*x)*sin(3*x)
>> F1 = int(f1)
```

结果：

```
F1 = 2*cos(x)^3 - cos(x) - (8*cos(x)^5)/5
```

【例4-8】求下列定积分。

$$\int_{-T/2}^{T/2} (AT^2 + \mathrm{e}^{-jxt}) \mathrm{d}t$$

$$\int_{1}^{\mathrm{e}} \frac{1}{x^2} \log_e x \, \mathrm{d}x$$

程序命令：

```
>> syms A t T x
>> f1 = A*T^2 + exp(-j*x*t)
>> f2 = log(x)/x^2
>> F1 = int(f1,t,-T/2,T/2);
>> F2 = simplify(F1)
>> F3 = int(f2,x,1,exp(1));
>> F4 = eval(F3)
```

结果：

```
f1 = A*T^2 + exp(-t*x*1i)
f2 = log(x)/x^2
F2 = A*T^3 + (2*sin((T*x)/2))/x
F4 = 0.2642
```

【例4-9】求下列二重积分。

$$\iint (x+y) \mathrm{e}^{-xy} \mathrm{d}x\mathrm{d}y$$

$$\iint \log_e(x)/y^2 + y^2/x^2 \mathrm{d}x\mathrm{d}y \quad (1/2 \leqslant x \leqslant 2, \ 1 \leqslant y \leqslant 2)$$

程序命令：

```
>> syms x y;
>> f1 = (x+y)*exp(-x*y);
>> F1 = int(int(f1,'x'),'y')
>> f2 = log(x)/y^2 + y^2/x^2;
>> F2 = int(int(f2,x,1/2,2),y,1,2)
>> F3 = eval(F2)
```

结果:

```
F1=(exp(-x*y)*(x+y))/(x*y)
F2=(5*log(2))/4+11/4
F3=3.6164
```

4.6.2 使用 quad、quadl 函数求积分

quad( )、quadl( )等函数命令计算一元函数的数值积分是通过将小梯形的面积求和来实现的,而不是通过解析的方法,只能求定积分,当受到计算精度限制时,其计算速度比 int 函数快。其中,quad( )采用遍历的自适应 Simpson 法计算函数的数值积分,quadl( )采用遍历的自适应 Lobatto 法计算函数的数值积分。quad 是低阶法数值积分,quadl 是高阶法数值积分。

语法格式:

```
[Q,Fcnt]=quad(function,a,b)          %求 function 的积分
```

其中,function 为被积函数(形式为函数句柄/匿名函数),a、b 分别为积分上限,[Q, Fcnt] 返回数值积分的结果和函数计算的次数。

【例 4-10】 求定积分 $\int_0^2 \frac{2}{x^3-x+2}dx$。

```
>>F=@(x)2./(x.^3-x+2);
>>[Q,Fcnt]=quadl(F,0,2)
```

结果:

```
Q=1.7037
Fcnt=48
```

【例 4-11】 已知 $w=[\pi/2,\pi,3\pi/2]$;$K=[\pi/2-1,-2,-3\pi/2-1]$ 求下面表达式的积分。

$$Y = \left(\int_0^{w(1)} x^2\cos(x)dx - K(1)\right)^2 + \left(\int_0^{w(2)} x^2\cos(x)dx - K(2)\right)^2 + \left(\int_0^{w(3)} x^2\cos(x)dx - K(3)\right)^2$$

程序命令:

```
>>w=[pi/2,pi,pi*1.5];
>>K=[pi/2-1,-2,-1.5*pi-1];
>>F1=@(x)(x.^2.*cos(x)-K(1)).^2;
>>F2=@(x)(x.^2.*cos(x)-K(2)).^2;
>>F3=@(x)(x.^2.*cos(x)-K(3)).^2;
>>y=quadl(F1,0,w(1))+quadl(F2,0,w(2))+quadl(F3,0,w(3))
```

结果:

```
y=1.378679143103574e+02
```

4.7 求零点与极值

4.7.1 求零点

语法格式：

```
x = fzero(fun,x0)              %求出离 x0 起始点最近的根
x = fzero(fun,x0,options)      %由指定的优化参数 options 进行最小化
x = fzero(problem)             %对 problem 指定的求根问题求解
```

说明：

fzero 函数既可以求某个初始值的根，也可求区间和函数值的根。

【例 4-12】求 $f(x) = x^5 - 3x^4 + 2x^3 + x + 3$ 函数的根。

程序命令：

```
>>f = 'x^5 - 3 * x^4 + 2 * x^3 + x + 3';
>>x = fzero(f,0)
```

结果：

```
x = -0.7693
```

因为 $f(x)$ 是一个多项式，所以可以使用 roots 命令求出相同的实数零点和复共轭零点，即

```
>>p = [1 -3 2 0 1 3];x = roots(p)
x = 1.8846 +       0.58974i
    1.8846 -       0.58974i
    2.4286e-16 +        1i
    2.4286e-16 -        1i
       -0.76929 +         0i
```

【例 4-13】求正弦函数在 3 附近的零点，并求余弦函数在 [1 2] 范围的零点。

程序命令：

```
>>fun = @sin;
>>fun1 = @cos
>>x = fzero(fun,3)
>>x1 = fzero(fun1,[1 2])
```

结果：

```
x = 3.1416
x1 = 1.5708
```

4.7.2 求极值

fminbnd(f,a,b)函数是对函数$f(x)$在$[a,b]$范围求得的极小值,当求$-f(x)$的极小值时,即可得到$f(x)$的极大值。当不知道准确的范围时,可画出该函数的图形,先估计其范围,再使用该命令求取。

语法格式:

[x,min] = fminbnd(f,a,b)   %x 为取得极小值的点,min 为极小值;f 表示函数名,a、b 表示取得极值的范围

【例4-14】求$f(x)=2\mathrm{e}^{-x}\sin x$函数在$[0,8]$范围的极值点。

程序命令:

```
>> syms x
>> f = '2 * exp( -x) * sin(x)';
>> [x,min1] = fminbnd(f,0,8)
>> [x,max1] = fminbnd('-2 * exp( -x) * sin(x)',0,8)
```

结果:

```
x = 3.9270
min1 = -0.0279            %极小值点
x = 0.7854
max1 = -0.6448
max = -max1 = 0.6448       %极大值点
```

4.8 求方程的解

4.8.1 线性方程组求解

1. 直接使用左除求解

【例4-15】求下列一元三次方程组的解。

$$\begin{cases} x + y + z = 1 \\ 3x - y + 6z = 7 \\ y + 3z = 4 \end{cases}$$

程序命令:

```
>> A = sym('[1,1,1;3,-1,6;0,1,3]')
>> b = sym('[1;7;4]')
>> x = A\b
```

结果：

```
x = -1/3
     0
    4/3
```

2. 使用 solve 函数求解

【例 4-16】建立脚本程序解三元一次方程组（方法 1）。

$$\begin{cases} x+y+z=1 \\ x-y+z=2 \\ 2x-y-z=1 \end{cases}$$

程序命令：

```
>>g1='x+y+z=1';
>>g2='x-y+z=2';
>>g3='2*x-y-z=1';
>>[x,y,z]=solve(g1,g2,g3)
```

或

```
>>[x,y,z]=solve('x+y+z=1','x-y+z=2','2*x-y-z=1')
```

结果：

```
x = 2/3
y = -1/2
z = 5/6
```

【例 4-17】解三元一次方程组（方法 2）。

$$\begin{cases} 2x+3y-z=2 \\ 8x+2y+3z=4 \\ 45x+3y+9z=23 \end{cases}$$

程序命令：

```
>> syms x y z          %建立符号变量
>>[x,y,z]=solve(2*x+3*y-z-2,8*x+2*y+3*z-4,45*x+3*y+9*z-23)
```

结果：

```
x = 151/273
y = 8/39
z = -76/273
```

4.8.2 符号代数方程求解

MATLAB 符号运算能够解一般的线性方程、非线性方程及一般的代数方程、代数方程组。线性方程组的符号解也可用 solve( ) 求解,若方程组不存在符号解,且无其他自由参数,则给出数值解。

语法格式:

```
solve(f,'v')                %求一个方程的解
solve(f1,f2,…,fn)          %求n个方程的解
```

说明:

f 既可以是含等号的符号表达式的方程,也可以是不含等号的符号表达式,但所指的仍是令 f=0 的方程;当省略参数 v 时,默认为方程中的自由变量;其输出结果为结构数组类型。

【例 4-18】 建立脚本程序,对方程 $f1 = ax^2 + bx + c$ 及 $f2 = x^2 - x - 30 = 0$ 求解。

程序命令:

```
>>syms a b c x
>>f1 = a*x^2 +b*x +c;
>>f2 = x^2 -x -30;
>>Fx = solve(f1,x)          %对缺省变量x求解
>>Fb = solve(f1,b)          %对指定变量b求解
>>F2 = solve(f2,x)
```

结果:

```
Fx = -(b+(b^2 -4*a*c)^(1/2))/(2*a)
     -(b-(b^2 -4*a*c)^(1/2))/(2*a)
Fb = -(a*x^2 +c)/x
F2 = -5
      6
```

4.8.3 常微分方程(组)的求解

在 MATLAB 中,用大写字母 D 表示导数。例如,Dy 表示 y',D2y 表示 y",Dy(0) = 5 表示 y'(0) = 5。D3y + D2y + Dy - x + 5 = 0 表示微分方程 $y''' + y'' + y' - x + 5 = 0$。

语法格式:

```
dsolve( )                   %求解符号常微分方程的解
dsolve(e,c,v)               %求解常微分方程e在初值条件c下的特解
```

说明:

参数 v 描述方程中的自变量,省略时默认自变量是 t,若没有给出初值条件 c,则求方程的通解。

dsolve 在求常微分方程组时的调用格式:

```
dsolve(e1,e2,…,en,c1,c2,…,cn,v1,v2,…,vn)
```

该函数求解常微分方程组 e1,e2,…,en 在初值条件 c1,c2,…,cn 下的特解；若不给出初值条件，则求方程组的通解，v1,v2,…,vn 给出求解变量；若省略自变量，则默认自变量为 t；若找不到解析解，则返回其积分形式。

【例 4-19】求下面微分方程的通解。

$$\frac{dy}{dx}+2xy=xe^{-x^2}$$

程序命令：

```
>> syms x;
>> f ='Dy +2*x*y = x*exp( -x^2)'
>> y = dsolve(f,x)
```

结果：

```
y = C5 * exp( -x^2) +(x^2 * exp ( -x^2))/2
```

【例 4-20】建立脚本程序求下列微分方程 $xy'+y-e^x=0$ 在初值条件 $y(1)=2e$ 下的特解。

程序命令：

```
>> syms x;
>> eq1 ='x*Dy +y -exp(x) =0';
>> cond1 ='y(1) =2*exp(1)'
>> y = dsolve(eq1,cond1,x)
```

结果：

```
cond1 = y(1) =2*exp(1)
y =(exp(1) +exp(x))/x
```

【例 4-21】求下面微分方程组的通解。

$$\begin{cases}\dfrac{d^2x}{dt}+2\dfrac{dx}{dt}=x(t)+2y(t)-e^{-t}\\ \dfrac{dy}{dt}=4x(t)+3y(t)+4e^{-t}\end{cases}$$

程序命令：

```
[x,y] = dsolve('D2x +2*Dx = x +2*y - exp( -t)','Dy =4*x +3*y +4*exp( -t)')
```

结果：

```
x =
exp(t*(6^(1/2) +1))*(6^(1/2)/5 -1/5)*(C7 + exp( -2*t -6^(1/2)*t)*((11*
6^(1/2))/3 -37/4)) - exp( -t)*(C9 +6*t) - exp( -t*(6^(1/2) -1))*(6^(1/2)/5 +1/5)*
(C8 - exp(6^(1/2)*t -2*t)*((11*6^(1/2))/3 +37/4))
y =
exp( -t)*(C9 +6*t) + exp(t*(6^(1/2) +1))*((2*6^(1/2))/5 +8/5)*(C7 + exp( -2*t -
6^(1/2)*t)*((11*6^(1/2))/3 -37/4)) - exp( -t*(6^(1/2) -1))*((2*6^(1/2))/5 -8/5)*
(C8 - exp(6^(1/2)*t -2*t)*((11*6^(1/2))/3 +37/4))
```

4.9 级 数

4.9.1 级数求和

级数求和运算是数学中常见的一种运算。例如：
$$f(x) = a_0 + a_1 x + a_2 x^2 + a_3 x^3 + \cdots + a_n x^n$$

函数 symsum 可以用于此类对符号函数 f 的求和运算。该函数在引用时，确定级数的通项式 s、自变量为 k，变量的变化范围为 [a,b]。

有以下 4 种语法格式：

```
symsum(s)        %s 为级数通式项,求默认自变量 k 从 0 到 k-1 的前 k 项的和
symsum(s,k)      %变量为 k,求 k 从 0 到 k-1 的前 k 项的和
symsum(s,a,b)    %若默认变量为 k,求 k 从 a 到 b 的和
symsum(s,k,a,b)  %s 为级数通式项,v 是求和变量,求从 a 到 b 的和
```

当默认变量不变时，前两种用法基本相同，后两种用法基本相同。

【例 4-22】 求级数 $S = \sum\limits_{k=1}^{\infty} \dfrac{1}{(k+1)^2}$ 前 k 项和、从 1 到无穷及其前 10 项和。

程序命令：

```
>>clc; syms k;
>>s=1/(k+1)^2
>>S1=symsum(s)
>>S2=symsum(s,k)
>>S10=symsum(s,1,10)      %求级数前 10 项和
>>S20=symsum(s,k,1,10)    %求级数前 10 项和
```

结果：

```
s = 1/(k+1)^2
S1 = -psi(1,k+1)          %psi 为 Ψ
S2 = -psi(1,k+1)
S10 = 85758209/153679680
S20 = 85758209/153679680
```

4.9.2 一元函数的泰勒级数展开

语法格式：

```
taylor(f)        %求 f 关于默认变量的 5 阶麦克劳林展开
taylor(f,n)      %求 f 关于默认变量的 n-1 阶麦克劳林展开
```

```
taylor(f,n,v)              %求 f 关于变量 v 的 n-1 阶麦克劳林展开
taylor(f,n,v,a)            %求 f 在 v=a 处的 n-1 阶泰勒展开式
```

【例 4-23】 已知 $e^x = \sum_{n=0}^{\infty} \frac{x^n}{n!}$, $\sin x = \sum_{n=0}^{\infty} \frac{(-1)^n}{(2n+1)!} x^{2n+1}$, $\cos x = \sum_{n=0}^{\infty} \frac{(-1)^n}{2n!} x^{2n}$, 对这三个函数求泰勒展开式。

程序命令：

```
>> syms x;
>> f1 = exp(x);
>> f2 = sin(x);
>> f3 = cos(x);
>> taylorexpx = taylor(f1)
>> taylorsinx = taylor(f2)
>> taylorcosx = taylor(f3)
```

结果：

```
taylorexpx = x^5/120 + x^4/24 + x^3/6 + x^2/2 + x + 1
taylorsinx = x^5/120 - x^3/6 + x
taylorcosx = x^4/24 - x^2/2 + 1
```

4.10 函数插值

插值就是在已知的数据点之间利用某种算法寻找估计值的过程，即根据一元线性函数表达式 $f(x)$ 中的两点（函数表达式由所给数据决定），找出 $f(x)$ 在中间点的数值。插值运算可大大减少编程语句，使程序简洁、清晰。

4.10.1 一维插值

MATLAB 提供的一维插值函数为 interp1( )，定义如下：

已知离散点上的数据集（即已知在点集 x 上的函数值 y），构造一个解析函数（其图形为曲线），通过这些点能够求出它们之间的值，这一过程称为一维插值。

语法格式：

```
yi = interp1(x,y,xi);              %x,y 为已知数据值,xi 为插值数据点；
y1 = interp1(x,y,xi,'method');     %x,y 为已知数据值,xi 为插值点,method 为设定插值方法
```

说明：

method 常用的设置参数有 linear、nearest、spline，分别表示线性插值、最临近插值和三次样条插值。其中，linear 也称为分段线性插值（默认值），spline 函数插值所形成的曲线最平滑、效果最好。

（1）linear（线性插值）：该方法连接已有数据点作线性逼近。它是 interp1 函数的默认方法，其特点是需要占用更多的内存，速度比 nearest 方法稍慢，但是平滑性优于 nearest 方法。

（2）nearest（最临近插值）：该方法将内插点设置成最接近于已知数据点的值，其特点是插值速度最快，但平滑性较差。

（3）spline（三次样条插值）：该方法利用一系列样条函数获得内插数据点，从而确定已有数据点之间的函数。其特点是处理速度慢，但占用内存少，可以产生最光滑的插值结果。

【例 4 – 24】绘制 0 ~ 2π 的正弦曲线，按照线性插值、最临近插值和三次样条插值三种方法，每隔 0.5 进行插值，绘制插值后的曲线并进行对比。

程序命令：

```
>>clc
>>x = 0:2 * pi;
>>y = sin(x);
>>xx = 0:0.5:2 * pi;
>>subplot(2,2,1);plot(x,y);
>>title('原函数图')
>>y1 = interp1(x,y,xx,'linear ');
>>subplot(2,2,2);plot(x,y,'o',xx,y1,'r')
>>title('线性插值')
>>y2 = interp1(x,y,xx,'nearest');
>>subplot(2,2,3);plot(x,y,'o',xx,y2,'r');
>>title('最临近插值')
>>y3 = interp1(x,y,xx,'spline');
>>subplot(2,2,4);plot(x,y,'o',xx,y3,'r');
>>title('三次样条插值')
```

几种插值的结果如图 4.1 所示。

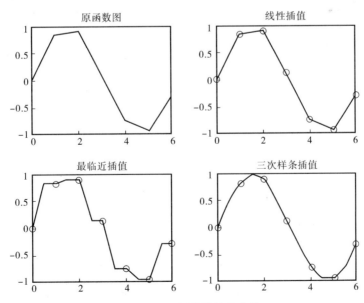

图 4.1　几种插值的结果比较

结论：

从线性插值、最临近插值和三次样条插值三种方法的结果可以看出，三次样条插值的曲线效果最好。

【例 4 – 25】 设某一天 24 小时内，从零点开始每间隔 2 小时测得的环境温度数据分别为 12、9、9、10、18、24、28、27、25、20、18、15、13，推测 13 点的温度。

程序命令：

```
>>x = 0:2:24;
>>y = [12 9 9 10 18 24 28 27 25 20 18 15 13];
>>a = 13;
y1 = interp1(x,y,a,'spline')
```

结果：

```
y1 = 27.8725
```

【例 4 – 26】 设 2000—2020 年的产量每间隔 2 年的数据分别为 90、105、123、131、150、179、203、226、249、256、267，估计 2015 年的产量，并绘图。

程序命令：

```
>>clear;
>>year = 2000:2:2020
>>product = [90 105 123 131 150 179 203 226 249 256 267];
>>x = 2000:1:2020
>>y = interp1(year,product,x);
>>p2015 = interp1(year,product,2015)
>>plot(year,product,'o',x,y)
```

结果：

```
p2015 = 237.5000
```

默认插值曲线如图 4.2 所示。

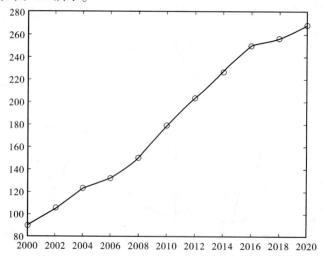

图 4.2 默认插值法

【例 4 – 27】 对离散分布在 $y = \exp(x)\sin(x)$ 函数曲线上的数据，分别进行三次样条插值和线性插值计算，并绘制曲线。

程序命令：

```
>>clear;
>>x=[0 2 4 5 8 12 12.8 17.2 19.9 20];
>>y=exp(x).*sin(x);
>>xx=0:.25:20;
>>yy=interp1(x,y,xx,'spline');
>>plot(x,y,'o',xx,yy);hold on
>>yy1=interp1(x,y,xx,'linear');
>>plot(x,y,'o',xx,yy1);hold on
```

插值后的曲线如图 4.3 所示。

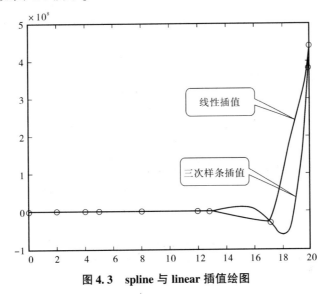

图 4.3　spline 与 linear 插值绘图

4.10.2　二维插值

二维插值函数为二元函数。

语法格式：

ZZ = interp2(X,Y,Z,X1,Y1)	%X 和 Y 分别是 m 维和 n 维向量，表示节点，Z 为 n×m 矩阵，表示节点值；X1（行向量）、Y1（列向量）是插值点的一维数组，为插值范围，若插值在范围外的点，则返回 NAN（数值为空）
ZZ = interp2(Z,X1,Y1)	%表示 X1=1:n、Y1=1:m，其中 [m,n] = size(Z)。按上述情形进行计算
ZZ = interp2(X,Y,Z,X1,Y1,method)	%用指定的方法 method 计算二维插值。method 可取值：linear（双线性插值算法（缺省））、nearest（最临近插值）、spline（三次样条插值）、cubic（双三次插值）

interp2 函数能够较好地进行二维插值运算，但是它只能处理以网格形式给出的数据。

【例 4-28】已知工人平均工资在 1980—2020 年得到逐年提升，计算在 2000 年工作了 12 年的员工平均工资。

程序命令：

```
>>years =1980:10:2020;
>>times =10:10:30;
>>salary =[1500 1990 2000 3010 3500 4000 4100 4200 4500 5600 7000 8000 9500 10000 12000];
>>S =interp2(service,years,salary,12,2000)
```

结果：

```
S =  4120
```

【例 4-29】对函数 $z = f(x,y) = \dfrac{\sin\sqrt{x^2+y^2}}{\sqrt{x^2+y^2}}$ 进行各种插值拟合曲面，并比较拟合结果。

程序命令：

```
>>[x,y] =meshgrid(-8:0.8:8);
>>z =sin(sqrt(x.^2+y.^2))./sqrt(x.^2+y.^2)
>>subplot(2,2,1);surf(x,y,z);title('原图');
>>[x1,y1] =meshgrid(-8:0.5:8);
>>z1 =interp2(x,y,z,x1,y1);
>>subplot(2,2,2);surf(x1,y1,z1);title('linear');
>>z2 =interp2(x,y,z,x1,y1,'cubic');
>>subplot(2,2,3);surf(x1,y1,z2);title('cubic');
>>z3 =interp2(x,y,z,x1,y1,'spline');
>>subplot(2,2,4);surf(x1,y1,z3);title('spline');
```

结果如图 4.4 所示。

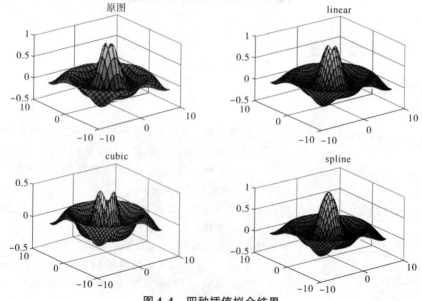

图 4.4　四种插值拟合结果

4.10.3 三维插值

三维插值运算函数 interp3 和 n 维网格插值 interpn 的调用格式与 interp1 和 interp2 一致，需要使用三维网格生成函数实现，即 [x,y,z] = meshgrid(x1,y1,z1)。其中，x1、y1、z1 为三维所需要的分割形式，以向量形式给出三维数组，目的是返回 x、y、z 的网格数据。

语法格式：

```
interp3(x,y,z,V,x0,y0,z0,method );     %使用方法与 interp2()函数一致
```

【例 4 – 30】已知三维函数 $V(x,y,z) = e^{zx^2 + xy^2 + yz^2}$，通过函数生成一些网格型样本点，试根据样本点进行拟合。

程序命令：

```
>>[x,y,z]=meshgrid(-1:0.2:1);
>>[x0,y0,z0]=meshgrid(-1:0.1:1);
>>V=exp(x.^2.*z+y.^2.*x+z.^2.*y);
>>V0=exp(x0.^2.*z0+y0.^2.*x0+z0.^2.*y0);
>>V1=interp3(x,y,z,V,x0,y0,z0,'spline');
>>err=V1-V0;max(err(:))
>>slice(x0,y0,z0,V1,[-0.5,0.3,0.9],[0.6,-0.1],[-1,-0.5,0.5,1])
>>title('三维插值拟合');
```

结果如图 4.5 所示。

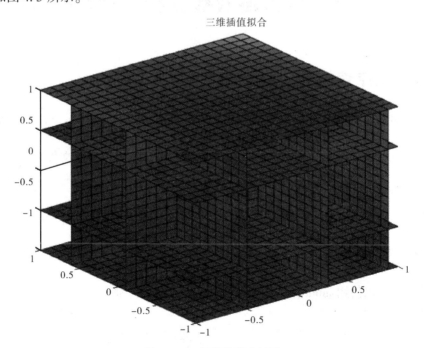

图 4.5 三维插值拟合结果

第 5 章 MATLAB 程序设计应用

MATLAB 提供了脚本编辑器编写代码程序,它是原 Command 窗口的命令集合,用于实现给定目标或解决特定问题,按〈Ctrl + S〉组合键,默认保存为 .m 文件。运行时,单击工具栏的"运行"按钮或直接按〈F5〉快捷键即可。系统运行将按照程序设定的结构或顺序自动执行一个或多个操作,其结果和错误信息显示在命令行窗口中。

5.1 编辑器及数据输入/输出

5.1.1 程序编辑器

在 MATLAB 中,打开程序编辑器编写代码将不再使用">>"提示符,编写的程序是一系列命令序列的集合。有以下三种打开方法:

(1) 在命令行窗口输入"edit",按〈Enter〉键,将自动出现保存文件名为"Untitled.m"的编辑窗口。
(2) 在工具栏中单击"新建脚本"按钮,打开编辑器。
(3) 直接按〈Ctrl + N〉组合键,可打开建立新文件的编辑窗口。

5.1.2 数据输入

输入数据,可以使用 input 函数,该函数每次只能赋一个值。
语法格式:

```
A = input('请输入数据提示信息');
```

或

```
A = input('请输入数据提示信息',选项);
```

说明：

（1）采用第一种格式，将先输出提示信息，随后等待用户输入，输入值可以是整型或双精度类型数据，并将输入值赋值给变量 A，对输入的双精度数值自动保留 4 位小数（自动四舍五入）。

（2）采用第二种格式时，需输入字符串，将先显示提示信息内容，再将输入的值以字符串类型赋值给变量 A。

例如：

```
Number = input('请输入一个数值 Number = ? ')
String = input('请输入一个字符串 String = ? ','s')
```

运行结果：

```
请输入一个数值 Number = ?
3.1415926↙
Number = 3.1416
请输入一个字符串 String = ?
We are learning MATLAB↙
String = We are learning MATLAB
```

5.1.3 数据输出

1. 无格式输出

语法格式：

```
disp(X)          % 输出变量 X 的值(X 可以是矩阵或字符串)
```

说明：

（1）disp 需要一个数组参数，它将值显示在命令行窗口。如果这个数组是字符型，则在命令行窗口直接输出字符串。若是数值型，则需要用 num2str（将一个数转换为字符串）或 int2str（将一个整数转换为字符串）将值显示在命令行窗口中。

（2）disp 一次只能输出一个变量。若输出矩阵，将不显示矩阵的名称，其格式将更紧密，且不留任何没有意义的空行。

【例 5-1】 使用 disp( ) 输出结果。

程序命令：

```
A = 'Hello,World! ';
B = 100；
disp(A)
disp(['B =',num2str(B)])
```

结果：

```
Hello,World!
B = 100
```

2. 格式输出

整数以整型格式显示，直接输入的数值将默认以双精度格式显示。MATLAB 的默认格式是精确到小数点后 4 位。如果一个数太大或太小，将以科学记数法的形式显示。

例如：
a = 1/3，显示：a = 0.3333
b = 12345.112345，显示：b = 1.2345e + 04
语法格式：

```
fprintf(fid,format,A)
```

其中，fid 为文件句柄，指定要写入数据的文件；format 用于指定数据输出时采用的格式。

常用的输出格式以 "%" 开头，如表 5-1 所示。

表 5-1 常用的输出格式

表示	说明	表示	说明
%d	整数	%g	浮点数，系统自动选取位
%f	实数，小数形式	%c	字符型
%e	实数，科学计算法形式	%s	输出字符串
%o	八进制	%X、%x	十六进制

format 还可以使用特殊字符，如表 5-2 所示。

表 5-2 特殊字符

表示	说明	表示	说明
\b	退后一格	\r	回车
\t	水平制表	\\	双斜杠
\f	换页	''	单引号
\n	换行	%%	百分号

例如：

```
f = pi;
fprintf('The pi = %8.5f \n',pi);
```

结果：

```
The pi = 3.14159
```

【例 5-2】定义一个符号函数 $f(x,y) = (ax^2 + by^2)/c^2$，分别求该函数对 x、y 的导数和对 x 的积分。

程序命令：

```
syms a b c x y              % 定义符号变量
fxy = (a*x^2 + b*y^2)/c^2;  % 生成符号函数
x1 = diff(fxy,x)            % 符号函数 fxy 对 x 求导数
x2 = diff(fxy,y)            % 符号函数 fxy 对 y 求导数
x3 = int(fxy,x)             % 符号函数 fxy 对 x 求积分
```

结果：

```
x1 = (2*a*x)/c^2
x2 = (2*b*y)/c^2
x3 = (x*(a*x^2+3*b*y^2))/(3*c^2)
```

【例 5-3】求一元二次方程 $a^2 + bx + c = 0$ 的根。

程序命令：

```
A = input('请输出一元二次方程的系数:a,b,c = ? ')
delta = A(2)^2 - 4*A(1)*A(3);
x1 = ( -A(2) - sqrt(delta))/2*A(1);x2 = ( -A(2) + sqrt(delta))/2*A(1);
fprintf('%.2f,%.2f\n',x1,x2)
disp(['方程的解 x1 = ',num2str(x1),',方程的解 x2 = ',num2str(x2)]);
```

结果：

```
请输出一元二次方程的系数:a,b,c = ?
1 2 -15↙
A = 1    2    -15
   -5.00,3.00
方程的解 x1 = -5,方程的解 x2 = 3
```

说明：

(1) 使用 fprintf 比较灵活方便，可以输出任何格式，且可输出多个数据项，但 fprintf 需要定义数据项的字符宽度和数据格式。

(2) 由于 fprintf 只能输出复数的实部，因此在有复数产生的计算中可能输出错误的结果。

5.2 命令的流程控制

MATLAB 的流程控制分为顺序结构、选择结构、循环结构。

5.2.1 顺序结构

顺序结构是指按照程序中语句的排列顺序依次执行程序，如图 5.1 所示。例 5-1 和例 5-2 均属于顺序结构。

5.2.2 选择结构

选择结构是指根据条件来选择执行程序，如图 5.2 所示。选择结构分为单分支选择、条件嵌套、多分支选择。

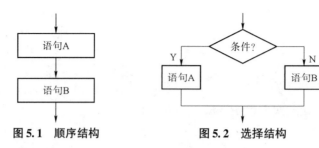

图 5.1　顺序结构　　　　　图 5.2　选择结构

1. 单分支选择

语法格式：

```
if    条件
 执行语句 A
else    执行语句 B
end
```

说明：

当条件成立时，执行语句 A，否则执行语句 B。

【例 5-4】输入三角形的三边长，求三角形的面积和周长。

程序命令：

```
clear;
a = input('请输入三角形的边长 a = ? ');
b = input('请输入三角形的边长 b = ? ');
c = input('请输入三角形的边长 c = ? ');
if a+b<c|a+c<b|b+c<a
fprintf('无法构成三角形,请重新输入数据。\n');
else
l = (a+b+c);
q = l/2;
s = sqrt(q*(q-a)*(q-b)*(q-c));
disp(['该三角形的周长 =',num2str(l)])
disp(['该三角形的面积 =',num2str(s)])
end
```

结果：

请输入三角形的边长 a = ? 4↵
请输入三角形的边长 b = ? 5↵
请输入三角形的边长 c = ? 10↵
无法构成三角形,请重新输入数据。

再次运行，结果：

请输入三角形的边长 a = ? 3↵
请输入三角形的边长 b = ? 4↵
请输入三角形的边长 c = ? 5↵
该三角形的周长 =12
该三角形的面积 =6

【例5-5】根据以下表达式,编写程序。

$$y = \begin{cases} \cos(x+1) + \sqrt{x^2+1}, & x = 10 \\ x\sqrt{x+\sqrt{x}}, & x \neq 10 \end{cases}$$

程序命令:

```
x = input('请输入 x 的值:');
if x = = 10
    y = cos(x+1) + sqrt(x*x+1);
else
    y = x * sqrt(x + sqrt(x));
end
disp(['x =',num2str(x)])
disp(['y =',num2str(y)])
```

结果:

```
请输入 x 的值:5↙
x = 5
y = 13.45
```

2. 条件嵌套

语法格式:

```
if(表达式)
    if(条件1)  语句11
    else 语句12
        else  if(条件2)  语句21
            else 语句22
```

条件嵌套流程图如图 5.3 所示。

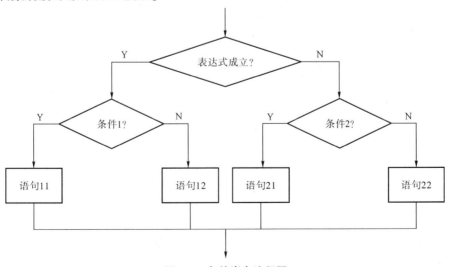

图 5.3　条件嵌套流程图

【例5-6】输入一个字符,若为大写字母,则输出其对应的小写字母;若为小写字母,则输出其对应的大写字母;若为数字,则输出其对应的数值;若为其他字符,则原样输出。

程序命令:

```
c = input('请输入字符:','s');
if c >='A' & c <='Z'
    disp(setstr(abs(c) + abs('a') - abs('A')));   %setstr( )将ASCII码值转换成字符
elseif c >='a'& c <='z'
    disp(setstr(abs(c) - abs('a') + abs('A')));
elseif c >='0'& c <='9'
    disp(abs(c) - abs('0'));
else
    disp(c);
end
```

结果:

```
请输入字符:We are studying MATLAB↙
We are studying MATLAB
```

【例5-7】某商场对顾客所购买的商品实行打折销售,设商品价格用price来表示,折扣标准为:①price<200元,无折扣;②200元≤price<500元,折扣3%;③500元≤price<1000元,折扣5%;④1000元≤price<2500元,折扣8%;⑤2500元≤price<5000元,折扣10%;⑥5000元≤price,折扣15%。输入顾客所购买商品的价格,求其实际销售价格。

程序命令:

```
price = input('请输入商品价格:');
if price >=200&price <500              %价格高于等于200 但低于500
    price = price*(1 -3/100);
elseif price >=500&price <1000         %价格高于等于500 但低于1000
    price = price*(1 -5/100);
elseif price >=1000&price <2500        %价格高于等于1000 但低于2500
    price = price*(1 -8/100);
elseif price >=2500&price <5000        %价格高于等于2500 但低于5000
    price = price*(1 -10/100);
elseif price >=5000                    %价格高于等于5000
    price = price*(1 -15/100);
else                                   %价格低于200
    price = price;
end
    price
```

结果:

```
请输入商品价格:2600↙
    price = 2340
```

再次运行,结果:

```
请输入商品价格:6000↙
    price =5100
```

3. 多分支选择

多分支选择也称为多开关选择。
语法格式:

```
switch    表达式(标量或字符串)
  case  值1
        语句组1
  case  值2
        语句组2
  case  值n
        语句组n
  otherwise
        语句组n+1
  end
```

多分支选择结构如图5.4所示。

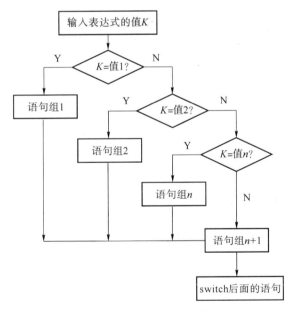

图5.4 多分支选择结构

说明:

(1) 在执行时,只执行一条 case 后的语句就跳出 switch…case 结构。如果 case 子句后面的表达式为一个单元矩阵,则当表达式的值等于该单元矩阵中的某个元素时,执行相应的语句组。case 后的常量的值必须互异。

(2) switch 语句中的 otherwise 为可选项,如果表达式的值与列出的每种情况都不相等,则 switch…case 结构中的语句将不被执行，程序继续向下运行。

（3）case 子句后面的表达式不仅可以为一个标量或一个字符串，还可以为一个单元矩阵。

【例 5-8】针对例 5-7，使用 switch…case 结构重新编写程序。

程序命令：

```
price = input('请输入商品价格:);
switch fix(price/100)
    case {0,1}                    %价格低于200
        rate = 0;
    case {2,3,4}                  %价格高于等于200 但低于500
        rate = 3/100;
    case num2cell(5:9)            %价格高于等于500 但低于1000
        rate = 5/100;
    case num2cell(10:24)          %价格高于等于1000 但低于2500
        rate = 8/100;
    case num2cell(25:49)          %价格高于等于2500 但低于5000
        rate = 10/100;
    otherwise                     %价格高于等于5000
        rate = 15/100;
end
    price = price * (1 - rate)    %输出实际销售价格
```

结果：

```
请输入商品价格:6000↙
price = 5100
```

【例 5-9】有一组学生考试成绩如表 5-3 所示。根据规定，100 分为满分，90~99 分为优秀，80~89 分为良好，70~79 分为中等，60~69 分为及格，60 分以下为不及格，编制一个根据成绩划分等级的程序。

表 5-3 学生考试成绩表

学生姓名	郭 峰	张丽颖	刘晓苏	李 然	陈 召	杨瑞娟	于 珊	黄 博	郭巧巧	赵康路
得分	87	83	46	95	100	88	96	68	54	65

程序命令：

```
clc;
Name = {'郭  峰','张丽颖','刘晓苏','李  然','陈  召','杨瑞娟','于  珊','黄  博','郭巧巧','赵康路'};
scores = [87,83,46,95,100,88,96,68,54,65];
Marks = fix(scores/10);
n = length(scores)
    for i = 1:n
        switch Marks(i)
```

```
        case 10                        %得分为100分
            Rank(i,:) = '满分';
        case 9                         %得分为90~99分
            Rank(i,:) = '优秀';
        case 8                         %得分为80~89分
          Rank(i,:) = '良好';
        case 7                         %得分为70~79分
        Rank(i,:) = '中等';
        case 6                         %得分为60~79分
        Rank(i,:) = '及格';
        otherwise                      %得分在60分以下为不及格
     Rank(i,:) = '不及格';
        end
end
disp('')
 disp(['学生姓名  ','  得分  ','     等级']);%显示学生姓名,得分,等级
   disp(['------------------']);
      for i =1:n
        disp([ char(Name(i)),'            ',num2str(scores(i)),'        ',Rank(i,:)]);
      end
```

结果:

```
n =10
学生姓名         得分          等级
------------------------
郭  峰          87          良好
张丽颖          83          良好
刘晓苏          46          不及格
李  然          95          优秀
陈  召          100         满分
杨瑞娟          88          良好
于  珊          96          优秀
黄  博          68          及格
郭巧巧          54          不及格
赵康路          65          及格
```

5.2.3 循环结构

循环是计算机解决问题的主要手段。循环结构是指当条件满足时,重复执行一组语句,流程图如图5.5所示。

1. while 循环语句

语法格式:

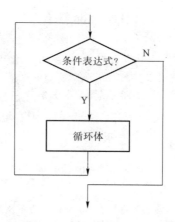

图 5.5 循环结构流程图

```
while  条件表达式
       循环体
end
```

说明：

（1）表达式一般由逻辑运算、关系运算及一般运算组成，以判断循环的进行和停止。

（2）表达式的值可以是标量或数组，其值的所有元素为 1（真）则继续循环，直到表达式值的某元素为 0（假）时，循环停止。

【例 5–10】计算 $n!$，求 $n!$ 小于 10^{50} 的最大值 n，并输出该值。

程序命令：

```
r=1;k=1;
while r<1e50
   r=r*k;k=k+1;
 end
k=k-1;r=r./k;k=k-1;
disp(['The ',num2str(k),'! is ',num2str(r)])
```

结果：

```
The 41! is 3.34525266131638e+49
```

2. for 循环语句

语法格式：

```
for 循环变量=表达式1:表达式2:表达式3
    循环体
end
```

说明：

（1）表达式1为起始值，表达式2为步长，步长为1时，可以省略，表达式3为终值。

（2）在每一次循环中，循环变量值被指定为数组的下一列，循环体语句按数组中的每一列执行一次,常用以固定的和预定的次数循环。

(3) 执行过程:依次将矩阵的各列元素赋给循环变量,然后执行循环体语句,直至各列元素处理完毕。

【例 5 – 11】 已知 4×3 矩阵如下,求矩阵对应列元素的和 $s1$、对应行元素的和 $s2$ 及整个矩阵元素的和 S。

$$\begin{bmatrix} 12 & 13 & 14 \\ 15 & 16 & 17 \\ 18 & 19 & 20 \\ 21 & 22 & 23 \end{bmatrix}$$

程序命令:

```
clc;s1 = 0;
data = [12 13 14;15 16 17;18 19 20;21 22 23];
for k = data
  s1 = s1 + k;
end
s1
s2 = sum(data)
S = sum(sum(data))
```

结果:

```
s1 = 39
    48
    57
    66
s2 = 66    70    74
S = 210
```

【例 5 – 12】 输出 100～999 的全部水仙花数(即三位整数各位数字的立方和为该数本身)。

程序命令:

```
for m =100:999
    m1 = fix(m/100);           %求 m 的百位数字
    m2 = rem(fix(m/10),10);    %求 m 的十位数字
    m3 = rem(m,10);            %求 m 的个位数字
    if m == m1 * m1 * m1 + m2 * m2 * m2 + m3 * m3 * m3
        disp(m)
    end
end
```

结果:

```
    153
    370
```

```
371
407
```

【例 5-13】 绘制多个不同中心点的圆。

程序命令：

```
for i = 0:pi/50:2 * pi          % 循环变量
    x = 2 * sin(i);
    y = 2 * cos(i);             % 圆心位置
    t = 0:pi/100:2 * pi;
    xx = x + sin(t);
    yy = y + cos(t);
    plot(xx,yy)                 % 圆心
    hold on                     % 保留图形
end
```

结果如图 5.6 所示。

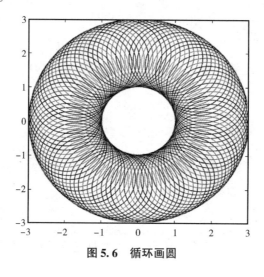

图 5.6 循环画圆

3. break 语句和 continue 语句

break 语句用于终止循环的执行。当在循环体内执行该语句后，程序强制跳出循环，继续执行循环体后面的语句或直接结束程序。

continue 语句控制跳过循环体中的某些语句。当在循环体内执行该语句后，程序将跳过循环体中的语句，重新判断条件，继续下一次循环。

这两种语句通常用于 for 或 while 循环语句中，在嵌套循环体中常与 if 语句联用，跳出最内层循环，继续外层循环。

【例 5-14】 求 100~200 能被 21 整除的最小的数。

程序命令：

```
for n = 100:200
    if rem(n,21) ~ = 0
```

```
    continue              % 重新循环
  end
    n
    break                 % 跳出循环
end
```

结果:

```
n = 105
```

【例 5 – 15】编写一个猜数小游戏程序,输入一个 100 以内的整数,判断是否正确。

程序命令:

```
a = randperm(100,1);      % 产生一个 100 以内的随机整数
for i = 1:10              % 允许猜 10 次
  b = input('请输入一个数:\n');
  if b > a
    disp('太大了')
  elseif b == a
    disp('猜对了,你真聪明!')
    break;
  else
    disp('太小了')
  end
end
```

结果:

```
请输入一个数:
50↙
太大了
请输入一个数:
30↙
太大了
请输入一个数:
28↙
猜对了,你真聪明!
```

4. 循环嵌套语句

循环中包含其他循环,则称为循环嵌套。常用格式如图 5.7 所示。

```
for 初值:步长;终值
    for 初值:步长;终值
        ⋮
        end
end
```

```
while 条件表达式
    for 初值:步长;终值
        ⋮
        end
end
```

```
for 初值:步长;终值
    while 条件表达式
        ⋮
        end
end
```

图 5.7 循环的常用格式

【例 5-16】求 1! + 2! + 3! + … + 10!。

程序命令：

```
sum = 0;
for i = 1:1:10
    pdr = 1;
    for j = 1:1:i
        pdr = pdr * j;
    end
    sum = sum + pdr;
end
sum
```

结果：

```
sum = 4037913
```

【例 5-17】用 100 元买苹果、香蕉和梨，共买 100 个，3 种水果都要购买。已知苹果 3 元/个，香蕉 1 元/个，梨 0.8 元/个。有多少种买法？可以各买多少个？每种水果最少购买 5 个，输出全部购买方案。

程序命令：

```
clc;n = 0;
for apple = 5:33
    for banana = 5:100
        for pear = 5:125
            if(apple*3 + banana + pear*0.8 == 100)&(apple + banana + pear == 100)
                disp(['第',num2str(n+1),'种方案:'])
disp(['苹果 = ',num2str(apple),',  香蕉 = ',num2str(banana),',  梨 = ',num2str(pear)])
                n = n + 1;
            end
        end
    end
end
disp(['购买方案共有',num2str(n),'种。'])
```

结果：

```
第 1 种方案:
苹果 = 5,  香蕉 = 45,  梨 = 50
第 2 种方案:
苹果 = 6,  香蕉 = 34,  梨 = 60
第 3 种方案:
苹果 = 7,  香蕉 = 23,  梨 = 70
第 4 种方案:
苹果 = 8,  香蕉 = 12,  梨 = 80
购买方案共有 4 种。
```

5.2.4 try 语句

try 语句是一种试探性执行语句。

语法格式：

```
try
    语句组1
catch
    语句组2
end
```

说明：

try 语句先试探性执行语句组 1，如果语句组 1 在执行过程中出现错误，则将错误信息由 catch 捕捉，执行语句组 2。

【例 5 - 18】矩阵乘法运算要求两个矩阵的维数兼容，否则会出错。先求两个矩阵的乘积，若出错，则自动转求两个矩阵的点乘。

程序命令：

```
clc;
A = [1,2,3;4,5,6];
B = [7,8,9;10,11,12];
try
    C = A * B
catch
    C = A. * B
end
```

结果：

```
C =  7   16   27
    40   55   72
```

5.3 MATLAB 源文件

5.3.1 脚本文件与函数文件

MATLAB 的源文件分为脚本文件（MATLAB scripts）和函数文件（MATLAB functions）。脚本文件是包含多条 MATLAB 命令的文件；函数文件可以包含输入变量，并把结果传送给输出变量。

两者的简要区别如下：

1）脚本文件

（1）多条命令的综合体。

（2）没有输入、输出变量被调用。

（3）所有变量均使用 MATLAB 基本工作间。

（4）没有函数声明行。

2）函数文件

（1）常用于扩充 MATLAB 函数库。

（2）可以包含输入、输出变量，用于多次调用。

（3）运算中生成的所有变量都存放在函数工作间。

（4）包含函数声明行：

```
function 输出变量 = 函数名称(输入变量)
```

说明：

脚本文件可以理解为简单的.m文件，脚本文件中的变量都是全局变量。函数文件是在脚本文件的基础之上多添加了一行函数定义行，其代码组织结构和调用方式与对应的脚本文件截然不同。函数文件以函数声明行"function…"作为开始，相当于用户在 MATLAB 函数库里编写的子函数，函数文件中的变量都是局部变量（除非使用了特别声明）。函数运行完毕后，其定义的变量将从工作区间清除。脚本文件只是将一系列相关的代码集合封装，没有输入变量和输出变量，即不自带参数，也不一定返回结果。而函数文件一般都有输入变量和输出变量。

5.3.2 函数文件的基本使用

函数文件的功能是建立一个函数，且这个函数与 MATLAB 的库函数一样使用。其扩展名为.m。不能直接输入函数文件名来运行一个函数文件，它必须由其他语句来调用。函数文件允许有多个输入、输出参数值。

定义函数的格式：

```
输出实参表 = 函数名(输入实参表)
function[f1,f2,f3,…] = fun(x,y,z,…)
```

其中，f1,f2,f3,…表示形式输出参数；x,y,z,…表示形式输入参数；fun 表示函数名。

调用函数的格式：

```
[y1,y2,y3,…] = fun(x1,x2,x3,…)
```

其中，y1,y2,y3,…表示输出参数；x1,x2,x3,…表示输入参数。

函数可以嵌套调用，即一个函数可以被其他函数调用，甚至可以被自身调用，此时称为递归调用。

说明：

（1）如果在函数文件中插入了 return 语句，则执行到该语句后就结束，程序流程转至调用该函数的位置。函数文件中可以不含 return 语句，在这种情况下，当被调用函数执行完成后就自动返回。

(2) 函数文件从形式上与脚本文件不同，函数文件的第一行必须由关键字 function 引导，对于 function [返回变量] = 函数名称（输入变量），输入和返回变量的实际个数分别由 nargin 和 nargout 保留变量给出，无论是否直接使用这两个变量，只要进入该函数，MATLAB 就自动生成这两个变量。

(3) .m 文件调用的函数名和文件名必须相同，函数调用时，参数顺序应与定义一致。

(4) 函数文件运行时，MATLAB 为它开辟一个临时函数工作空间，由函数执行的命令，以及由这些命令所创建的中间变量，都隐含其中。当文件执行完毕，该临时工作空间及其中的变量立即被清除。只能看到输入和输出内容，函数运行后只保留最后结果，不保留中间结果。函数中的变量均为局部变量。

【例 5-19】 利用函数文件，实现直角坐标 (x,y) 到极坐标 (r,θ) 的转换，建立 transfer.m 文件。

程序命令：

```
function [r,theta] = transfer(x,y)
r = sqrt(x^2 +y^2);
theta = atan(y/x);
```

在命令行窗口中输入：

```
[r,theta] = transfer(3,4)
```

结果：

```
r =
  5
theta =
  0.9273
```

【例 5-20】 编写递归调用函数，求 n 的阶乘。

程序命令：

```
function f = factor(n)
    if n <= 1
        f = 1;
    else
        f = factor(n-1) * n;
    end
```

存入文件名为 factor.m 的文件，然后在 MATLAB 命令行窗口中调用该函数：

```
factor(5)
```

结果：

```
120
```

【例 5-21】 编写一元二次方程的求根函数。

程序命令：

```
function[x1,x2] = equation(a,b,c)
d = b^2 - 4*a*c;
 if d > 0
    disp([ '该方程有 2 个实数解! ']);
     x1 = ( -b + sqrt(d))/(2*a);
     x2 = ( -b - sqrt(d))/(2*a);
 elseif d == 0
    disp(['该方程有 1 个实数解'])
    x1 = -b/(2*a);   x2 = x1;
    else
    disp([ '该方程无实数解']);
    x1 = '';x2 = '';
end
```

将上面程序保存为 equation.m 文件,在命令行窗口中调用:

[x1,x2] = equation(1, -2, -3)

结果:

```
>> [x1,x2] = equation(1, -2, -3)
该方程有 2 个实数解!
x1 = 3
x2 = -1
```

5.3.3 函数文件的嵌套使用

1. 主函数与子函数

一个 .m 文件可以包含多个函数,第一个为主函数,其他为子函数。
函数组成的格式:

```
 ┌ function主函数名(参数1,参数2,…)    %主函数
 │   函数体语句
 └ end
 ┌ function子函数名1(参数1,参数2,…)   %主函数
 │   函数体语句
 └ end
 ┌ function子函数名2(参数1,参数2,…)   %主函数
 │   函数体语句
 └ end
    …
```

说明:

(1) 主函数必须放在最前面,子函数次序可以随意改变。

(2) 子函数仅能被主函数或同一文件的其他子函数调用。

(3) 子函数仅能在主函数中编辑。

【例 5-22】主函数与子函数的调用。

程序命令：

```
function c = fun(a,b)
c = fun1(a,b) * fun2(a,b);
end
function c = fun1(a,b)
c = a^2 + b^2;
end
function c = fun2(a,b)
c = a^2 - b^2;
end
```

在命令行窗口输入：

```
D = fun(3,2)
```

结果：

```
D = 65
```

2. 函数的嵌套规则

函数的嵌套是指子函数包含在主函数内。嵌套格式：

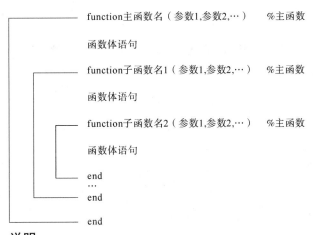

说明：

(1) 外层的嵌套函数可直接调用内层函数。

(2) 有相同父函数的同层嵌套函数可以相互调用。

(3) 内层的函数可以调用任何外层的函数。

3. 函数嵌套使用

语法格式：

```
function A(x,y)                    % 基本函数
    B(x,y);
    D(y);
    function B(x,y)                % 在 A 内嵌套
        C(x);
        D(y);
        function C(x)              % 在 B 内嵌套
            D(x);
        end
    end
    function D(x)                  % 在 A 内嵌套
        E(x);
        function E(x)              % 在 D 内嵌套
            ...
        end
    end
end
```

说明：

（1）外层的嵌套函数可直接调用内层，即 A 可以调用 B 或 D，但不能调 C 或 E。

（2）有相同父函数的同层嵌套函数，即 B 和 D 可以互相调用。

（3）内层的函数可以调用任何外层的函数，即 C 可以调用 B 或 D，但不能调 E。

【例 5 – 23】 使用函数嵌套求微分方程 $y'' + 6y = 5\sin(At)$ 在 $[0, 5]$ 范围内的解，并绘制当 $A = 8$ 时的微分曲线。

说明：

A 是参数，初始条件为：$y(0) = 1, y'(0) = 0$。使用微分方程函数 ode45 求解结果。将原二阶微分方程变成一阶微分方程式的形式，即

$$\begin{cases} y'_1 = y_2 \\ y'_2 = 5\sin(At) - 6y \end{cases}$$

程序命令：

```
function secondpe(A)
t0 = [0,5];                            % 变量求解区间
y0 = [1,0];                            % 初始值
[t,y] = ode45(@fun1,t0,y0);            % 调用 ode45 求解方程
plot(t,y(:,1),'k-');                   % 画函数 y(t)的曲线
hold on;
plot(t,y(:,2),'kp');                   % 画函数 y(t)导数的曲线
xlabel('时间','fontsize',16);          % 标注 x 轴为时间
ylabel('幅值','fontsize',16);          % 标注 y 轴为幅值
                                       % 用嵌套函数定义微分方程组
    function dy = fun1(t,y)
        dy(1,1) = y(2);                % 对应方程组的第一个方程
```

```
            dy(2,1) =5*sin(A*t)-6*y(1);          %对应方程组第二个方程
    end
end
```

输入 secondpe(8),绘制的曲线如图 5.8 所示。

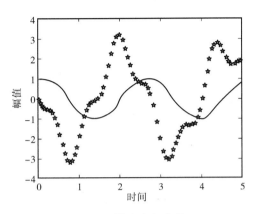

图 5.8 微分方程曲线

【例 5-24】已知 $w = [\pi/2, \pi, 3\pi/2]$;$K = [\pi/2 - 1, -2, -3\pi/2 - 1]$,使用函数求下面表达式 m 在 [0,2] 范围内的最小值。

$$Y = \left(\int_0^{w(1)} x^m \cos(x) \mathrm{d}x - K(1)\right)^2 + \left(\int_0^{w(2)} x^m \cos(x) \mathrm{d}x - K(2)\right)^2 + \left(\int_0^{w(3)} x^m \cos(x) \mathrm{d}x - K(3)\right)^2$$

程序命令:

```
function m = pe
w = [pi/2,pi,pi*1.5];
K = [pi/2 -1, -2, -1.5*pi -1];
    function y = ObjectFun(m)
        y = (quadl(@(x)x.^m.*cos(x),0,w(1)) -K(1))^2 +...
            (quadl(@(x)x.^m.*cos(x),0,w(2)) -K(2))^2 +...
            (quadl(@(x)x.^m.*cos(x),0,w(3)) -K(3))^2;
    end
m = fminbnd(@ObjectFun,0,2);
end
```

结果:

```
ans =
1.000000256506471
```

5.4 文件操作

文件操作是一种重要的输入输出方式,MATLAB 提供了一系列输入输出函数,专门用于

文件操作。MATLAB 文件有两种格式：二进制文件和文本文件。打开的文件默认是二进制格式，如果要以文本方式打开，则必须在打开方式中加上字符 't'。MATLAB 文件操作主要有三个步骤：首先，打开文件；然后，对文件进行读写操作；最后，关闭文件。

5.4.1 文件的打开

语法格式：

```
fid = fopen(文件名,打开方式)
```

其中，fid 为文件句柄，其他函数可以用它对该文件进行操作。如果 fid 的返回值大于 0，则表示文件打开成功；fid 的返回值为 -1，则表示文件打开失败。文件名用字符串形式表示（可以带路径名）。

5.4.2 二进制文件的读写

文件的读写操作分为"只读""写文件""可读可写""可读可写可添加"等四种方式，不同标识字符如表 5-4 所示。

表 5-4 文件读写操作符号表示

表示	说明
r	只读。文件必须存在（缺省的打开方式）
w	写文件。若文件已存在，则原内容将被覆盖；若文件不存在，则新建一个文件
a	可在文件末尾添加。若文件不存在，则新建一个文件
r +	可读可写。文件必须存在
w +	可读可写。若文件已存在，则原内容将被覆盖；若文件不存在，则新建一个文件
a +	可读可写可添加。若文件不存在，则新建一个文件

说明：

读写文件前，必须先打开文件。只有两个标准代码文件，无须打开就可以直接使用，分别为：fid = 1，标准输出文件；fid = 2，标准错误文件。若不指定打开方式，则表示只读。

1. 二进制文件的读操作

语法格式：

```
[A,count] = fread(fid,size,precision)
```

其中，A 用来存放读取的数据；count 返回读取数据的个数，为可选项；fid 为文件句柄；precision 代表读取的数据类型；size 为可选项，缺省为读取整个文件，取值选择有：inf（读取整个文件（缺省））、N（读取 N 个数据到一个列向量）、[m,n]（读取 $m \times n$ 个数据到一个 $m \times n$ 矩阵中，按列存放）。

【例 5-25】 设已有二进制数据文件 output.dat，从文件中读入二进制数据。

程序命令：

```
fid = fopen('output.dat','r');
A = fread(fid,100,'double');           %fread:从文件中读入二进制数据
status = fclose(fid);
fid = fopen('output.dat','r');
[A,count] = fread(fid,[100,100],'double');
status = fclose(fid);
```

2. 二进制文件的写操作

语法格式：

```
count = fwrite(fid,A,precision)        %按指定的数据类型将矩阵 A 中的元素写入文件
```

其中，count 返回所写入的数据元素个数（可缺省）；fid 为文件句柄；A 用来存放写入文件的数据；precision 代表数据精度，常用的数据精度有：char、uchar、int、long、float、double 等。缺省数据精度为 uchar，即无符号字符格式。

【例 5-26】 把 4 行 4 列杨辉三角阵存储为二进制数据，并写入文件 pascal4.dat。

程序命令：

```
clc;A = pascal(4);
fid = fopen('pascal4.dat','w');
fwrite(fid,A,'int8');                  %用8位整型数据把二进制数据写入文件
fclose(fid);
fid = fopen('pascal4.dat','r');
[B,count] = fread(fid,[4,inf],'int8');
fclose(fid);
B
```

结果：

```
B = 1    1    1    1
    1    2    3    4
    1    3    6    10
    1    4    10   20
```

【例 5-27】 将 5 行 5 列魔方矩阵存入二进制文件，并读取输出。

程序命令：

```
fid = fopen('mofang.dat','w');
a = magic(5);
fwrite(fid,a,'long');                  %用长整型数据把二进制数据写入文件
fclose(fid);
fid = fopen('mofang.dat','r');
[A,count] = fread(fid,[5,inf],'long');
fclose(fid);
A
```

结果：

```
A = 17    24     1     8    15
     23     5     7    14    16
      4     6    13    20    22
     10    12    19    21     3
     11    18    25     2     9
```

5.4.3 文件的关闭

当不需要对文件进行操作时，要使用 fclose 函数对该文件进行关闭，以免数据丢失。
语法格式：

```
status = fclose(fid);
```

其中，status 为关闭文件的返回代码，若关闭成功则为返回 0，否则返回 -1；fid 为所要关闭的文件句柄。

如果要关闭所有已打开的文件，可使用 fclose('all')。

5.4.4 文本文件的读写

1. 读文本文件

语法格式：

```
[A,count] = fscanf(fid,format,size)
```

其中，A 用来存放读取的数据；count 返回读取数据的个数，为可选项；fid 为文件句柄；format 用来控制读取的数据格式，由 % 加上格式控制符组成，常见的格式符有：d（整型）、f（浮点型）、s（字符串型）、c（字符型）等，在 % 与格式控制符之间还可以插入附加格式说明，如数据宽度说明等；size 为可选项，表示矩阵 A 中数据的排列形式，取值有：N（读取 N 个元素到一个列向量）、inf（读取整个文件）、[m,n]（读数据到 $m \times n$ 矩阵，数据均按列存放）。

【例 5-28】使用 fprintf 读取文本文件，计算 x 的取值在 0~1 时，$f(x) = e^x$ 的值，并将结果写入文件 output.txt，最后读取显示。
程序命令：

```
x = 0:0.1:1;  y = [x;exp(x)];      %y 有两行数据
fid = fopen('output.txt','w');
fprintf(fid,'%6.2f  %12.8f\n',y);
fclose(fid); fid = fopen('output.txt','r');
[a,count] = fscanf(fid,'%f %f',[2 inf]);
fprintf(1,'%f %f \n',a);   fclose(fid);
```

结果：

```
0.000000  1.000000
0.100000  1.105171
0.200000  1.221403
0.300000  1.349859
0.400000  1.491825
0.500000  1.648721
0.600000  1.822119
0.700000  2.013753
0.800000  2.225541
0.900000  2.459603
1.000000  2.718282
```

2. 写文本文件

语法格式：

```
fprintf(fid,format,A)
```

其中，fprintf 函数可以将数据按指定格式写入文本文件；fid 为文件句柄，指定要写入数据的文件；format 是用来加入控制格式的符号，与 fscanf 函数相同；A 是用来存放数据的矩阵。

也可以使用 dlmwrite('filename',M)，将矩阵 M 写入文本文件 filename。

例如：

```
a=[1 2 3;4 5 6;7 8 9];
dlmwrite('test.txt',a);
```

则 test.txt 中的内容为

```
1,2,3
4,5,6
7,8,9
```

【例 5-29】创建一个字符矩阵并存入磁盘，再读出字符并赋值给另一个矩阵。

程序命令：

```
clc;clear;
char1='创建一个字符矩阵并存入磁盘,再读出字符并赋值给另一个矩阵。';
fid=fopen('mytest.txt','w+');
fprintf(fid,'%s',char1);
fclose(fid);
fid1=fopen('mytest.txt','rt');
char2=fscanf(fid1,'%s')
```

结果：

```
char2=
创建一个字符矩阵并存入磁盘,再读出字符并赋值给另一个矩阵。
```

5.4.5　文件定位和文件状态

1. feof 函数

feof 函数用于检测文件是否已经结束。
语法格式：

```
status = feof(fid)        % fid 为文件句柄
```

其中，status 为状态逻辑值。若检测文件结束，status 返回值为 0；否则，返回值为 -1。

2. ferror 函数

ferror 函数用于查询文件的输入、输出错误信息。
语法格式：

```
ioerror = ferror(fid)     % fid 为文件句柄
```

其中，ioerror 为逻辑值。若文件的输入、输出有错误，则返回 0；否则，返回 1。

3. frewind 函数

frewind 函数用于使位置指针重新返回文件的开头。
语法格式：

```
start = frewind(fid)      % fid 为文件句柄
```

其中，start 为逻辑值。若返回文件开头，则 start = 0；否则，start = 1。

4. fseek 函数

fseek 函数用于设置文件的位置指针。
语法格式：

```
status = fseek(fid,offset,origin)      % fid 为文件句柄
```

其中，status 为状态逻辑值，若定位成功，status 返回值为 0，否则，返回值为 -1；offset 为位置指针相对移动的字节数；origin 表示位置指针移动的参照位置，有三种取值：cof（当前位置）、bof（文件的开始位置）、eof（文件末尾）。

5. ftell 函数

ftell 函数用于查询当前文件指针的位置。
语法格式：

```
position = ftell(fid);    % fid 为文件句柄
```

其中，position 返回值为从文件开始到指针当前位置的字节数。若返回值为 -1，则表示获取文件当前位置失败。

【例 5-30】读取例 5-28 的 output.txt 文件，查询该文件的文件大小和当前指针位置。
程序命令：

```
fid = fopen('mytest.txt','r');
fseek(fid,0,'eof');   x = ftell(fid);
fprintf(1,'File Size = % d\n',x);
frewind(fid);x = ftell(fid);
fprintf(1,'File Position = % d\n',x);
fclose(fid);
```

结果：

```
File Size = 25
File Position = 0
```

5.4.6 按行读取数据

1. fgetl 函数

语法格式：

```
tline = fgetl(fid)          % fid 为文件句柄
```

说明：

fgetl 从 fid 文件中读取一行数据，并丢弃其中的换行符。如果读取成功，则 tline 容纳了读取到的文本字符串；如果遇到文件末尾的结束标志（EOF），则函数返回 -1，即 tline 值为 -1。

2. fgets 函数

语法格式：

```
tline = fgets(fid)           % 读取文件的下一行,包括换行符
tline = fgets(fid,nchar)     % 返回文件标识符指向的一行,最多 nchar 个字符
```

说明：

读取一行数据，包括行终止符。

【例 5 – 31】编写一个程序，用于读取生成的矩阵数据。

程序命令：

```
clear;clc;
a = [1 2 3;4 5 6;7 8 9];
  dlmwrite('test.txt',a);
fid = fopen('test.txt','r');
  while ~feof(fid)                   % 在文件没有结束时,按行读取数据
  s = fgets(fid);fprintf(1,'%s',s);
end
fclose(fid);
```

结果：

```
1,2,3
4,5,6
7,8,9
```

第 6 章

MATLAB 在绘图中的应用

6.1 二维绘图功能

6.1.1 绘制函数曲线

MATLAB 的 plot() 函数是绘制二维图形最基本的函数,它针对向量或矩阵来绘制以 x 轴和 y 轴为线性尺度的直角坐标曲线。

语法格式:

```
plot(x1,y1,option1,x2,y2,option2,…)    % x1、y1、x2、y2 给出的数据分别为 x、y 轴坐标值;
                                        option 定义了图形曲线的颜色、字符和线型,它
                                        由一对单引号括起来,可以绘制一条或多条曲线;
                                        若 x1 和 y1 都是数组,则按列取坐标数据绘图
```

option 通常由颜色(表 6-1)、字符(表 6-2)和线型(表 6-3)组成。

表 6-1 颜色表示

选项	含义	选项	含义	选项	含义
r	红色	w	白色	k	黑色
g	绿色	y	黄色	m	锰紫色
b	蓝色	c	亮青色		

表6-2 字符表示

选项	含义	选项	含义	选项	含义
.	画点号	o	画圈符	d	画菱形符
*	画星号	+	画十字符	p	画五角形符
x	画叉号	s	画方块符	h	画六角形符
^	画上三角	>	画左三角		
V	画下三角	<	画右三角		

表6-3 线型表示

选项	含义	选项	含义
-	画实线	.-	点画线
--	画虚线	:	画点线

【例6-1】绘制 $y = 2\mathrm{e}^{-0.5t}\sin(2\pi t)$ 曲线。

程序命令:

```
t=0:pi/100:2*pi;
y1=2*exp(-0.5*t).*sin(2*pi*t);
y2=sin(t);
plot(t,y1,'b-',t,y2,'r-o')
```

结果如图6.1所示。

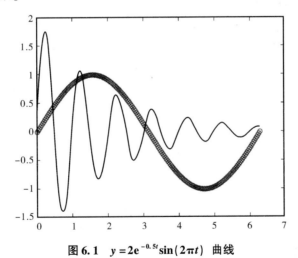

图6.1　$y = 2\mathrm{e}^{-0.5t}\sin(2\pi t)$ 曲线

【例6-2】绘制 $x = t\sin 3t$，$y = t\sin t\sin t$ 曲线。

程序命令:

```
t=0:0.1:2*pi;
x=t.*sin(3*t);
y=t.*sin(t).*sin(t);
plot(x,y,'r-p');
```

结果如图 6.2 所示。

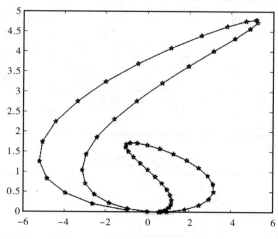

图 6.2 $x = t\sin 3t$，$y = t\sin t\sin t$ 曲线

1. 图形屏幕控制命令

- figure：打开图形窗口。
- clf：清除当前图形窗的内容。
- hold on：保持当前图形窗的内容。
- hold off：解除保持当前图形状态。
- grid on：给图形加上栅格线。
- grid off：删除栅格线。
- box on：在当前坐标系中显示一个边框。
- box off：去掉边框。
- close：关闭当前图形窗口。
- close all：关闭所有图形窗口。

【例 6-3】在不同窗口绘制图形。

程序命令：

```
t = 0:pi/100:2*pi;
y1 = cos(t);
y2 = sin(t).^2;
figure(1);plot(t,y1,'g-p');box on
figure(2);plot(t,y2,'r-O');grid on;
```

结果如图 6.3 所示。

2. 图形标注

- title：图题标注。
- xlabel：x 轴说明。
- ylabel：y 轴说明。

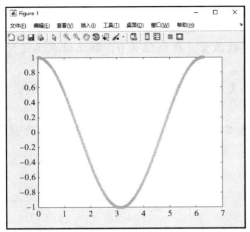
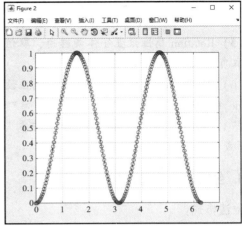

图 6.3　在不同窗口绘图

- zlabel：z 轴说明。
- legend：图例标注。legend 函数用于绘制曲线所用线型、颜色或数据点标记图例，有以下几种用法：

（1）legend('字符串 1','字符串 2',…)：指定字符串顺序，标记当前轴的图例。

（2）legend(句柄,'字符串 1','字符串 2',…)：指定字符串，标记句柄图形对象图例。

（3）legend(M)：用字符矩阵 **M** 的每一行字符串作为图形对象标签来标记图例。

（4）legend(句柄,M)：用字符矩阵 **M** 的每一行字符串作为指定句柄的图形对象标签来标记图例。

- text：在图形中指定的位置 (x,y) 上显示字符串 string。格式：text(x,y,'string')。
- annotation：线条、箭头和图框标注。例如：

```
annotation('arrow',[0.1,0.45],[0.3,0.5])    %箭头线
```

3. 字体属性

字体属性如表 6-4 所示。

表 6-4　字体属性

属性名	注释	属性名	注释
FontName	字体名称	FontWeight	字形
FontSize	字体大小	FontUnits	字体大小单位
FontAngle	字体角度	Rotation	文本旋转角度
BackgroundColor	背景色	HorizontalAlignment	文字水平方向对齐
EdgeColor	边框颜色	VerticalAlignment	文字垂直方向对齐

说明：

（1）FontName 属性定义名称，其取值是系统支持的一种字体名。

（2）FontSize 属性设置文本对象的大小，其单位由 FontUnits 属性决定，默认值为 10 磅。

（3）FontWeight 属性设置字体粗细，取值可以是 normal（默认值）、bold、light 或 demi。

（4）FontAngle 属性设置斜体文字模式，取值可以是 normal（默认值）、italic 或 oblique。

（5）Rotation 属性设置字体旋转角，取值是数值量，默认值为 0，取正值表示逆时针旋转，取负值表示顺时针旋转。

（6）BackgroundColor 和 EdgeColor 属性设置文本对象的背景颜色和边框线的颜色，可取值 none（默认值）或颜色字母。

（7）HorizontalAlignment 属性设置文本与指定点的相对位置，可取值 left（默认值）、center 或 right。

4. 坐标轴 axis 的用法

语法格式：

axis([x_{min} x_{max} y_{min} y_{max}])

或

axis([x_{min} x_{max} y_{min} y_{max} z_{min} z_{max}])

说明：

该函数用来标注输出图线的坐标范围。若给出 4 个参数，则标注二维曲线的最大值和最小值；若给出 6 个参数，则标注三维曲线最大值和最小值。

axis 用法说明：

（1）axis equal：将两坐标轴设为相等
（2）axis on/off：显示/关闭坐标轴的显示
（3）axis auto：将坐标轴设置默认值
（4）axis square：产生两轴相等的正方形坐标系。

5. 子图分割

语法格式：

subplot(n,m,p)   %n 表示行数；m 表示列数；p 表示绘图序号，顺序是按从左至右、从上至下；subplot 把图形窗口分为 n×m 个子图，在第 p 个子图处绘制图形

【例 6-4】绘制正弦和余弦图形。

程序命令：

```
t = 0:pi/100:2*pi;
y1 = sin(t);
y2 = cos(t);
y3 = sin(t).^2;
y4 = cos(t).^2;
subplot(2,2,1),plot(t,y1);title('sin(t)');
subplot(2,2,2),plot(t,y2,'g-p');title('cos(t)')
subplot(2,2,3),plot(t,y3,'r-O');title('sin^2(t)')
subplot(2,2,4),plot(t,y4,'k-h');title('cos^2(t)')
```

结果如图 6.4 所示。

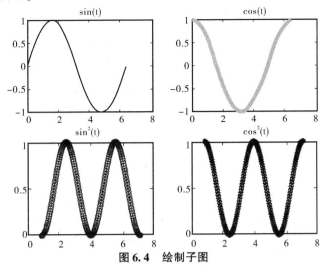

图 6.4 绘制子图

6.1.2 使用图形对象及句柄绘图

1. 设置图形对象属性

语法格式：

```
set(句柄,属性名1,属性值1,属性名2,属性值2,…)    %句柄用于指明要操作的图形对象
```

如果在调用 set 函数时省略全部属性名和属性值，则显示句柄所有的允许属性。

2. 获取图形对象属性

语法格式：

```
V=get(句柄,属性名)    %V是返回的属性值。如果在调用get函数时省略属性名,则返回句柄所
                      有的属性值
```

例如，下述命令用来获得上述曲线的颜色属性值：

```
col=get(h,'Color');
```

3. 画线

画线对象是坐标轴的子对象，它既可以定义在二维坐标系中，也可以定义在三维坐标系中。创建画线对象的函数是 line。

语法格式：

```
句柄变量=line([x1,x2],[y1,y2],属性名1,属性值1,属性名2,属性值2,…)
```

画线对象的常用属性如下：
- LineStyle：定义线型。

- LineWidth：定义线宽，默认值为 0.5 磅。
- Marker：定义数据点标记符号，默认值为 none。
- MarkerSize：定义数据点标记符号的大小，默认值为 6 磅。
- Color：定义颜色。

例如：

```
line([1,2],[3,4],'Linestyle','-','Color','r') %绘制坐标点 x(1,3)到点 y(2,4)的红色实线
```

【例 6-5】利用画线对象绘制 $y=\mathrm{e}^{-t}\sin(2\pi t)$ 曲线。

程序命令：

```
t = 0:pi/100:pi;
y = sin(2*pi*t).*exp(-t);
title('修改颜色和线宽');
h1 = line(t,y,'Marker','*');
text(1,0.6,'y=e^{-t}sin(2{\pi}t)','FontSize',16)
set(h1,'Color','r','LineWidth',3)
xlabel('时间','FontSize',20)
ylabel('幅度','FontSize',20)
grid on
```

结果如图 6.5 所示。

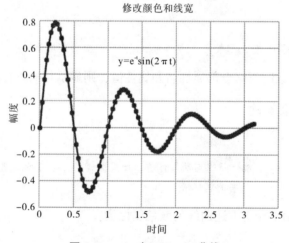

图 6.5 $y=\mathrm{e}^{-t}\sin(2\pi t)$ 曲线

4. 画矩形

在 MATLAB 中，矩形、椭圆以及二者之间的过渡图形（如圆角矩形）都称为矩形对象。创建矩形对象的函数是 rectangle。

语法格式：

```
rectangle(属性名1,属性值1,属性名2,属性值2,…)
```

矩形对象常用属性如下：

- Position：定义相对坐标轴原点的矩形位置坐标，参数为 [x,y,width,height]。其中，

(x,y)为矩形的左下角坐标，width 表示矩形宽度、height 表示矩形的高度。
- Curvature：定义矩形边的曲率。当曲率参数范围为 0~1 时，表示矩形边的弯曲程度，数值越大，则弯曲角越大；当曲率参数为［1,1］时，表示圆。若不加该属性，则表示直线。
- LineStyle：定义线型，包括实线、虚线等。
- LineWidth：定义线宽，默认值为 0.5 磅。
- EdgeColor：定义边框线的颜色。

例如：

```
rectangle('Position',[1,2,3,4])          %绘制左下角坐标(1,2),宽度为3和高度为4的矩形
```

【例6-6】在同一坐标轴上绘制矩形、直线、椭圆形和圆。
程序命令：

```
rectangle('Position',[1,1,20,18],'Curvature',0.4,'LineStyle','-.')
rectangle('Position',[3,8,16,5],'LineWidth',4,'EdgeColor','b')
rectangle('Position',[5,4,4,4],'Curvature',[1,1],'Linewidth',4,'EdgeColor','r')
rectangle('Position',[13,4,4,4],'Curvature',[1,1],'Linewidth',4,'EdgeColor','r')
rectangle('Position',[6,5,2,2],'Curvature',[1,1],'Linewidth',2,'EdgeColor','r')
rectangle('Position',[14,5,2,2],'Curvature',[1,1],'Linewidth',2,'EdgeColor','r')
line([3,8],[13,18],'Color','b','Linewidth',4)
rectangle('Position',[8,13,5,5],'Linewidth',4,'EdgeColor','b')
rectangle('Position',[2.1,11,1,1.5],'Curvature',[1,1],'Linewidth',3,'EdgeColor','b')
axis equal
```

结果如图 6.6 所示。

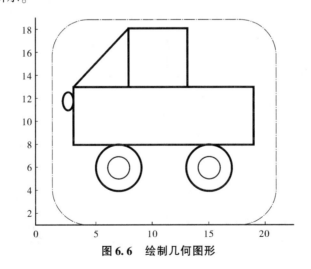

图 6.6　绘制几何图形

6.1.3　绘制对数坐标图

在实际应用中，常常使用到对数坐标，MATLAB 提供了绘制对数和半对数坐标曲线的函数。

语法格式：

```
semilogx(x1,y1,选项1,x2,y2,选项2,…)
semilogy(x1,y1,选项1,x2,y2,选项2,…)
loglog(x1,y1,选项1,x2,y2,选项2,…)
```

说明：

这些函数中选项的定义与 plot 函数完全一样，所不同的是坐标轴的选取：semilogx 函数使用半对数坐标，x 轴为对数刻度，而 y 轴仍保持线性刻度；semilogy 函数和 semilogx 函数相反；loglog 函数使用全对数坐标，x、y 轴均采用对数刻度。

【例6-7】 绘制不同坐标曲线。

程序命令：

```
x = 0:.1:10;
 subplot(2,2,1);plot(x,2.^x,'b-*');
title('双线性坐标')
 subplot(2,2,3);semilogy(x,2.^x);
title('x线性y对数坐标')
 x = logspace(-1,2);
 subplot(2,2,2);semilogx(x,1./x);
title('y线性x对数坐标')
 subplot(2,2,4);loglog(x,exp(x),'-s');
title('双对数坐标')
 grid on
```

结果如图 6.7 所示。

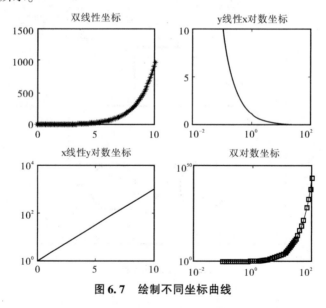

图 6.7　绘制不同坐标曲线

6.1.4　绘制特色二维图

特色二维图形函数如表 6-5 所示。

表6-5 特色二维图形函数

函数	说明	函数	说明
bar	条形图	Loglog	对数图
polar	极坐标图	semilogx	x轴为对数刻度，y轴为线性刻度
staris	阶梯图	semilogy	y轴为对数刻度，x轴为线性刻度
stem	火柴杆图	fill	实心图

【例6-8】绘制特色曲线。

程序命令：

```
t = 0:.2:2 * pi;
y = sin(t);
subplot(2,2,1),stairs(t,y);title('stairs')
subplot(2,2,2),stem(t,y);title('stem')
subplot(2,2,3),bar(t,y);title('bar')
subplot(2,2,4),polar(t,y);title('polar')
```

结果如图6.8所示。

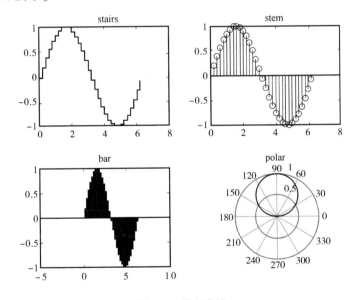

图6.8 特色曲线

6.1.5 绘制符号函数曲线

1. 符号函数（显函数、隐函数和参数方程）画图

语法格式：

```
ezplot('f(x)',[a,b])                    %在区间a<x<b绘制显函数f=f(x)的函数图
ezplot(f,[xmin,xmax],figure(n))         %指定绘图窗口绘图
ezplot('f(x,y)',[xmin,xmax,ymin,ymax])  %在区间xmin<x<xmax和ymin<y<ymax绘制
                                         隐函数f(x,y)=0的函数图
ezplot('x(t)','y(t)',[tmin,tmax])       %在区间tmin<t<tmax绘制参数方程x=x(t),
                                         y=y(t)的函数图
```

【例6-9】 使用ezplot在 $[-10,10]$ 区间绘制 $y=\dfrac{\sin(\sqrt{2x^2})}{\sqrt{2x^2}}$ 曲线。

程序命令：

```
ezplot('sin(sqrt(2.*x.^2))/sqrt(2.*x.^2)',[-10,10]);
```

结果如图6.9所示。

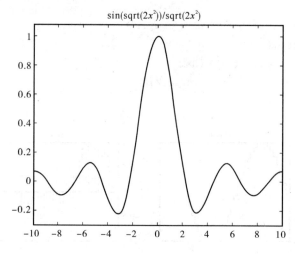

图6.9 使用ezplot绘图

【例6-10】 使用函数绘制不同的曲线。
程序命令：

```
subplot(2,2,1);
ezplot('x^2+y^2-9');axis equal;
subplot(2,2,2);
ezplot('x^3+y^3-5*x*y+1/5')
subplot(2,2,3);
ezplot('cos(tan(pi*x))',[0,1]);
subplot(2,2,4);
ezplot('8*cos(t)','4*sqrt(2)*sin(t)',[0,2*pi]);
```

结果如图6.10所示。

2. 函数图函数

语法格式：

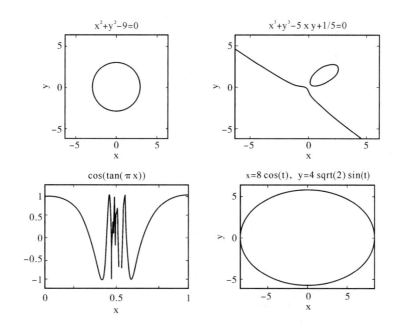

图 6.10 绘制不同函数曲线

```
fplot(fun,lims)              %绘制函数 fun 在 x 区间 lims=[xmin xmax]的函数图
```

或

```
fplot(fun,lims,'corline')    %以指定线形绘图
[x,y]=fplot(fun,lims)        %只返回绘图点的值,而不绘图,需用 plot(x,y)绘图
```

说明:

(1) fun 必须是 .m 文件的函数名或是独立变量为 x 的字符串。

(2) fplot 函数不能画参数方程和隐函数图形,但在一个图上可以画多个图形。

【例 6-11】 建立函数文件 myfun1.m,在 [-1,2] 区间上绘制 $y = e^{2x} + \sin(3x^2)$ 曲线。

程序命令:

```
function Y=myfun1(x)
Y=exp(2*x)+sin(3*x.^2)
```

在命令行窗口输入命令调用函数:

```
>>fplot('myfun1',[-1,2])
```

结果如图 6.11 所示。

【例 6-12】 直接绘制函数 $\sin(x)$、$\tan(x)$、$\cos(x)$ 在 $[-2\pi, 2\pi]$ 区间的曲线。

程序命令:

```
fplot('[sin(x),tan(x),cos(x)]',2*pi*[-1 1 -1 1],'r-p')
```

结果如图 6.12 所示。

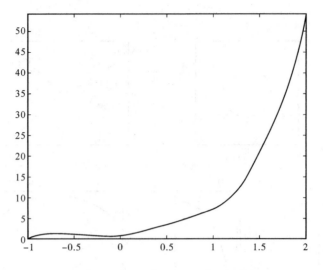

图 6.11　$y = e^{2x} + \sin(3x^2)$ 曲线

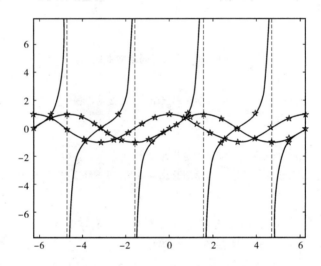

图 6.12　$\sin(x)$、$\tan(x)$、$\cos(x)$ 曲线

6.2　三维绘图功能

6.2.1　网格矩阵的设置

meshgrid 函数可生成二维或三维阵列。使用该函数时，用户需要知道各个四边形顶点的三维坐标值 (x,y,z)。

语法格式：

[X,Y] = meshgrid(x,y)	%向量x、y分别指定x轴和y轴的数据点。当x为n维向量,y为m维向量时,X、Y均为m×n的矩阵;[X,Y] = meshgrid(x)等效于[X,Y] = meshgrid(x,x)
[X,Y,Z] = meshgrid(x,y,z)	%产生x轴、y轴和z轴的三维阵列,它们指定了三维空间

【例6-13】利用meshgrid函数绘制三维曲线$z = \tan(x/y)$。

程序命令:

```
a = -30:1:30;
b = -30:1:30;
[x,y] = meshgrid(a,b);
z = atan(x./y);
plot3(x,y,z)
grid on;
```

结果如图6.13所示。

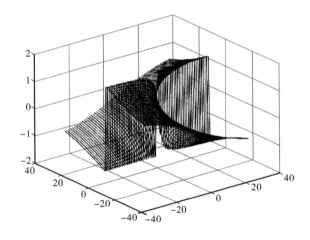

图6.13 利用meshgrid绘制三维曲线

【例6-14】利用plot3( )函数绘制三维曲线。

程序命令:

```
z = sin(x).cos(x)        %三维曲线
x = 0:0.1:2 * pi;
[x,y] = meshgrid(x);
z = sin(y). * cos(x);
plot3(x,y,z);
xlabel('x - axis'),ylabel('y - axis');
zlabel('z - axis');
title('三维图形');
grid on;
```

结果如图6.14所示。

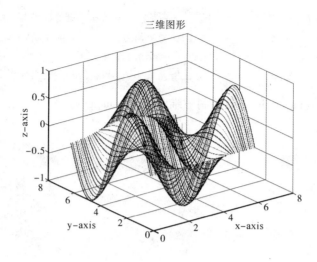

图 6.14 三维曲线

6.2.2 绘制常规三维图

bar3 函数可用于绘制三维条形图。语法格式：

```
bar3(y)              %y 的每个元素对应一个条形图
bar3(x,y)            %在 x 指定的位置上绘制 y 中元素的条形图
```

stem3 函数可用于绘制杆状图。语法格式：

```
stem3(z)             %将数据序列 z 表示为从 xy 平面向上延伸的杆图,x 和 y 自动生成
stem3(x,y,z)         %在 x 和 y 指定的位置上绘制数据序列 z 的杆图,x,y,z 的维数要相同
```

pie3 函数可用于绘制三维饼图。语法格式：

```
pie3(x)              %x 为向量,用 x 中的数据绘制一个三维饼图
```

fill3 函数可用于在三维空间内绘制填充过的多边形。语法格式：

```
fill3(x,y,z,c)       %用 x,y,z 做多边形的顶点,而 c 指定了填充的颜色
```

【例 6-15】绘制三维条形图和三维杆状图。
程序命令：

```
t = 0:.1:2 * pi;
x = t.^3. * sin(3 * t). * exp( - t);
y = t.^3. * cos(3 * t). * exp( -t);
z = t.^2;
plot3(x,y,z);hold on;
stem3(x,y,z);hold on;
bar3(x,y,z);hold on;
```

结果如图 6.15 所示。

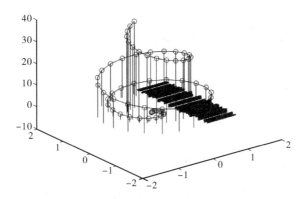

图 6.15 三维条形图和三维杆状图

【例 6 – 16】子图的绘制,要求:
(1) 绘制魔方矩阵的三维条形图;
(2) 以三维杆状图形式绘制曲线 $y = 2\sin x$;
(3) 已知 $x = [2347,1827,2043,3025]$,绘制三维饼图;
(4) 用随机的顶点坐标值绘制 5 个黄色三角形。
程序命令:

```
subplot(2,2,1);bar3(magic(4));
title('魔方矩阵的三维条形图')
subplot(2,2,2);y=2*sin(0:pi/6:2*pi);
stem3(y);title('三维杆状图');
subplot(2,2,3);pie3([2347,1827,2043,3025]);
title('三维饼图');subplot(2,2,4);
fill3(rand(3,5),rand(3,5),rand(3,5),'y');
title('随机数填充图');
```

结果如图 6.16 所示。

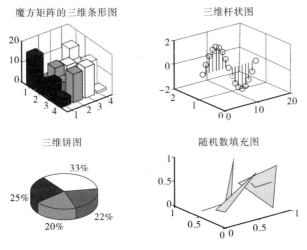

图 6.16 子图的绘制

6.2.3 绘制三维网格图与曲面图

1. 三维网格图

语法格式：

```
mesh(x,y,z,c)
```

说明：

(1) 三维网格图是由一些四边形相互连接在一起构成的一种曲面图。

(2) x、y、z 是维数相同的矩阵，x、y 是网格坐标矩阵，z 是网格点上的高度矩阵，c 用于指定在不同高度下的颜色范围。

(3) 省略 c 时，c = z，即颜色的设定正比于图形的高度。

(4) 当 x、y 是向量时，x 的长度必须等于 z 矩阵的列，y 的长度必须等于必须等于 z 的行，x、y 向量元素的组合构成网格点的坐标 (x,y)，z 坐标则取自矩阵 z，然后绘制三维曲线。

【例 6-17】根据函数 $z=f(x,y)$ 的坐标 (x,y) 找出 z 的高度，绘制 $z=x^2+y^2$ 的三维网格图。

程序命令：

```
 x = -5:5;y = x;
[X,Y] = meshgrid(x,y)
Z = X.^2 + Y.^2
mesh(X,Y,Z)
```

结果如图 6.17 所示。

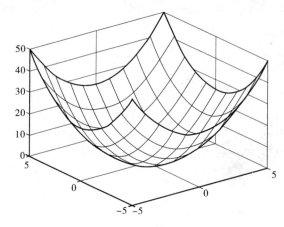

图 6.17 三维网格图

【例 6-18】利用 mesh( ) 函数绘制 $z=\sin(x)\cos(x)$ 的三维网格图。

程序命令：

```
x = 0:0.1:2 * pi;
[x,y] = meshgrid(x);
```

```
z = sin(y).*cos(x);
mesh(x,y,z);
xlabel('x-axis');
ylabel('y-axis');
zlabel('z-axis');
title('mesh');pause;
```

结果如图 6.18 所示。

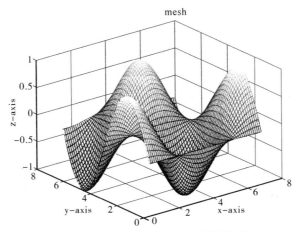

图 6.18　$z = \sin(x)\cos(x)$ 三维网格图

【例 6-19】 绘制函数 $z = \sin(x + \sin(y)) - x/10$ 在 $(0, 4\pi)$ 范围的三维网格图。

程序命令：

```
[x,y] = meshgrid(0:0.25:4*pi);
z = sin(x + sin(y)) - x/10;
mesh(x,y,z);
axis([0 4*pi 0 4*pi -2.5 1]);
```

结果如图 6.19 所示。

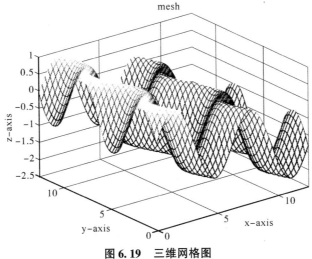

图 6.19　三维网格图

2. 三维曲面图

语法格式：

> surf(x,y,z,c)   %x、y、z、c 参数的含义与 mesh 函数中相同，它们均使用网格矩阵 meshgrid 函数产生坐标，并自动着色，其三维曲面四边形的表面颜色分布通过 shading 命令来指定

【例 6-20】 绘制马鞍函数 $z = f(x,y) = x^2 - y^2$ 的三维曲面图。

程序命令：

```
x = -10:0.1:10
 [xx,yy] = meshgrid(x);
zz = xx.^2 - yy.^2;
surf(xx,yy,zz);
title('马鞍面');xlabel('x 轴')
ylabel('y 轴')zlabel('z 轴')
grid on;
```

结果如图 6.20 所示。

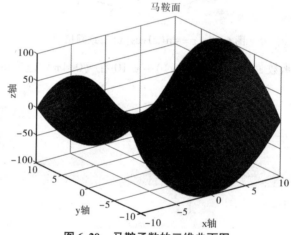

图 6.20　马鞍函数的三维曲面图

【例 6-21】 绘制函数 $z = f(x,y) = x + 2y^2$ 的三维曲面图。

程序命令：

```
xx = linspace(-1,1,50);
yy = linspace(-2,2,100);
[x,y] = meshgrid(xx,yy);
z = x.^2 + 2*y.^2;
surf(x,y,z)
```

结果如图 6.21 所示。

【例 6-22】 绘制函数 $z = \dfrac{\sin(\sqrt{x^2 + y^2})}{\sqrt{x^2 + y^2}}$ 的三维网格图与三维曲面图。

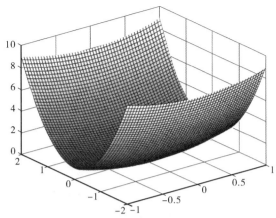

图 6.21　$x+2y^2$ 的三维曲面图

程序命令：

```
x = -10:0.5:10
[xx,yy] = meshgrid(x);
R = sqrt(xx.^2 + yy.^2);
zz = sin(R)./R;
subplot(1,2,1);mesh(xx,yy,zz);
subplot(1,2,2);surf(xx,yy,zz);
```

结果如图 6.22 所示。

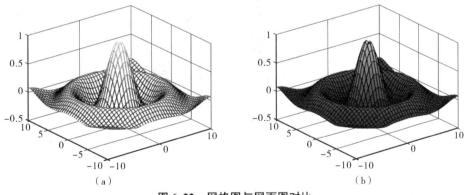

(a)　　　　　　　　　　　　　(b)

图 6.22　网格图与网面图对比

(a) 网格图；(b) 曲面图

6.2.4　绘制三维空间曲线

与 plot() 函数相类似，可以使用 plot3() 函数来绘制一条三维空间曲线。

语法格式：

| plot3(x,y,z,option) | %x、y、z 以及选项与 plot() 函数中的 x、y 和选项相似，只是多了 z 坐标轴，可参考 plot() 函数的使用方法；option 指定曲线的颜色、线形等 |

【例 6-23】 已知函数如下：

$$\begin{cases} x = (8 + \cos(V))\cos(U) \\ y = (8 + \cos(V))\sin(U) \\ z = \sin(V) \end{cases}, \quad 0 < U, V \leq 0$$

绘制三维曲线。

程序命令：

```
r = linspace(0,2 * pi,60);
[u,v] = meshgrid(r);
x = (8 + 3 * cos(v)). * cos(u);
y = (8 + 3 * cos(v)). * sin(u);
z = 3 * sin(v);
plot3(x,y,z)
title('三维空间曲线');
xlabel('X 轴');ylabel('Y 轴')
zlabel('Z 轴')
```

结果如图 6.23 所示。

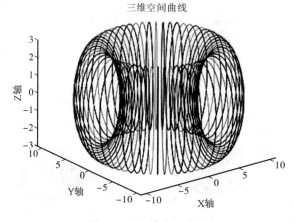

图 6.23　三维空间曲线

6.2.5　绘制特殊三维立体图

MATLAB 提供了球面和柱面等标准的三维曲面绘制函数，用户利用这些函数就可以很方便地得到标准三维立体图。

1. 球面图

绘制球面图的函数是 sphere( )。
语法格式：

```
sphere(n)         %画 n 等分球面;默认半径为 1,n = 20;n 表示球面绘制的精度
```

或

```
[x,y,z] = sphere(n)          %获取球面 x,y,z 空间坐标位置
```

【例6-24】绘制 $n=4,6,20,40$ 的不同球面图。

程序命令：

```
subplot(2,2,1);sphere(4);title('n=4');
subplot(2,2,2);sphere(6);title('n=6');
subplot(2,2,3);sphere(20);title('n=20');
subplot(2,2,4);sphere(40);title('n=40');
```

结果如图 6.24 所示。

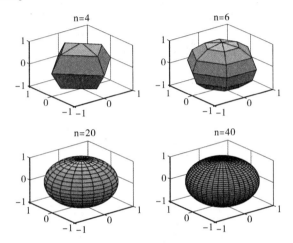

图 6.24　不同球面图

2. 柱面图

绘制柱面的函数是 cylinder( )。

语法格式：

```
cylinder(R,n)                %R 为半径;n 为柱面圆周等分数
```

或

```
[x,y,z] = cylinder(R,n)      %x,y,z 代表空间坐标位置。若在调用该函数时不带输出参数,则直
                              接绘制所需柱面。n 决定了柱面的圆滑程度,其默认值为 20。若 n
                              的值取得比较小,则绘制出多面体的表面图
```

【例6-25】绘制 $n=3,6,20,50$ 的不同柱面图。

程序命令：

```
t = linspace(pi/2,3.5*pi,50)
R = cos(t) +2;
subplot(2,2,1);cylinder(R,3);title('n=3');
subplot(2,2,2);cylinder(R,6);title('n=6');
subplot(2,2,3);cylinder(R,20);title('n=20');
subplot(2,2,4);cylinder(R,50);title('n=50');
```

结果如图 6.25 所示。

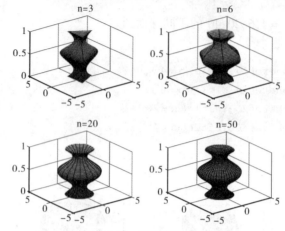

图 6.25　不同柱面图

【例 6-26】绘制柱形函数 $2+\cos^2 t$ 的图。

程序命令：

```
clear;clc;
t = 0:pi/10:2*pi;
subplot(1,2,1);
cylinder(t,10);
subplot(1,2,2);
cylinder(2 +(cos(t)).^2);
axis square
```

结果如图 6.26 所示。

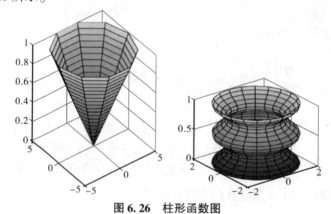

图 6.26　柱形函数图

3. 利用多峰函数绘图

多峰函数：

$$f(x,y) = 3(1-x)^2 e^{-x^2-(y+1)^2} - 10\left(\frac{x}{5}-x^3-y^5\right)e^{-x^2-y^2} - \frac{1}{3}e^{-(x+1)^2-y^2}$$

语法格式：

```
peaks(n)                    %输出 n×n 矩阵峰值函数图形
```

或

```
[x,y,z] = peaks(n)          %x,y,z 代表空间坐标位置
```

【例 6 – 27】绘制多峰图。

程序命令：

```
[X,Y,Z] = peaks(30);
subplot(1,2,1);surf(X,Y,Z)
subplot(1,2,2);surfc(X,Y,Z)
```

结果如图 6.27 所示。

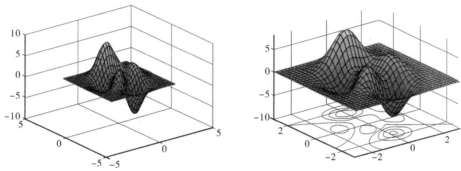

图 6.27　峰值函数图

6.2.6　图形颜色的修饰

MATLAB 有极好的颜色表现功能，colormap 实际上是一个 $m×3$ 的矩阵，m 为颜色维数。用 MAP 矩阵映射当前图形的色图，每一行的 3 个值都为 0～1 范围内的数，分别代表颜色组成的 RGB 值，如 [0 0 1] 代表蓝色。系统自带了一些色图，如 winter、autumn 等，输入"winter"，就可以看到它是一个 64×3 的矩阵。

语法格式：

```
colormap(MAP)
```

或

```
colormap([R,G,B])
```

图形颜色可根据需要任意生成，也可使用系统自带的色图。典型色彩的调制如表 6 – 6 所示，常见色图配置如表 6 – 7 所示。

表 6 – 6　三基色调色

三基色比例	颜色	三基色比例	颜色
[0 0 0]	黑色	[0.5 0.5 0.5]	灰色
[0 0 1]	蓝色	[0.5 0 0]	暗红色
[0 1 0]	绿色	[1 0.62 0.4]	铜色

续表

三基色比例	颜色	三基色比例	颜色
[0 1 1]	浅蓝色	[0.49 1 0.8]	浅绿色
[1 0 0]	红色	[0.49 1 0.83]	宝石蓝
[1 0 1]	品红色	[1 0.5 0]	橘黄
[1 1 0]	黄色	[0.667 0.667 1]	天蓝
[1 1 1]	白色	[0.5 0 0.5]	紫色

表 6-7 色图配置

函数名称	颜色性质	函数名称	颜色性质
bone	黑色渐变到白色	jet	蓝色—红色—青绿色—黄色—橙色，渐变
cool	青色渐变到品红色	pink	粉色
copper	黑色渐变到深红色	prism	绿色—黄色—橙色—紫色—红色—蓝色，色带
flag	红色—白色—蓝色—黑色，交错	spring	紫色渐变到黄色
gray	灰色	summer	绿色和黄色的阴影渐变
hot	黑色—红色—黄色—白色，渐变	autumn	黄色渐变到橙色
white	白色	winter	蓝色和绿色的阴影渐变
hsv（默认值）	红色—黄色—绿色—青绿色—品红色，色带循环		

6.2.7 色彩的渲染

1. 着色函数 shading( )

shading( )是阴影函数，控制曲面和图形对象的颜色着色及图形的渲染方式，包括以下三种形式：

- shading faceted：在曲面或图形对象上叠加黑色的网格线。
- shading flat：是在 shading faceted 的基础上去掉图上的网格线。
- shading interp：对曲面或图形对象的颜色着色进行色彩的插值处理，使色彩平滑过渡。

2. 关于着色的说明

（1）shading faceted：将每个网格片用其高度对应的颜色进行着色，但网格线仍保留，其颜色是黑色。这是系统的默认着色方式。

（2）shading flat：将图形渲染为平坦状态。即：每个小方块面取一种颜色，其颜色值由线段两端点或小方块四角的颜色值决定。

（3）shading interp：每条线段或每个小方块面的颜色是线性渐变的，其颜色值由两端点或小方块四角颜色的插值决定。

（4）三维表面图形的着色：在网格图的每一个网格片上涂上颜色。shading flat 命令将每个网格片用同一颜色进行着色,且网格线也用相应的颜色,从而使图形表面显得更加光滑。shading interp 命令在网格片内采用颜色插值处理,得出的表面图显得最光滑。

(5) surf 函数:用默认的着色方式对网格片着色。除此之外,还可以用 shading 命令来改变着色方式。

例如:

```
peaks(30);shading faceted              %默认的自动着色
peaks(30);shading flat                 %去掉黑色线条,根据小方块四角的颜色值确
                                        定颜色.
peaks(30);shading interp               %颜色整体改变,根据小方块四角的颜色值差
                                        补过渡点的值来确定颜色
peaks(30);shading interp;colormap(hot) %在暖色基础上,将网格片内采用颜色插值处
                                        理,得出的表面图显得最光滑
```

【例 6-28】使用球体的不同着色处理。

程序命令:

```
[x,y,z] = sphere(20);
colormap(copper);
subplot(1,3,1);surf(x,y,z);
axis equal;subplot(1,3,2);
surf(x,y,z);shading flat;
axis equal;subplot(1,3,3);
surf(x,y,z);shading interp;
axis equal
```

结果如图 6.28 所示。

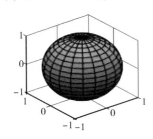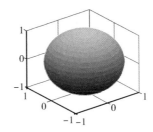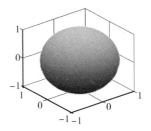

图 6.28 不同光照球体

6.2.8 设置光照效果

1. 设置光源

语法格式:

```
light('Color',选项一,'Style',选项二,'Position',选项三)
```

其中,选项一表示光的颜色,取 RGB 三元组或相应的颜色字符。选项二可取'infinite'和'local'两个值,分别表示无穷远光和近光。选项三取三维坐标点组成的向量形式 [x,y,z]。对于远

光,它表示光穿过该点射向原点;对于近光,它表示光源所在位置。假如函数不包含任何参数,则采用缺省设置:白光、无穷远光、穿过点(1,0,1)射向坐标原点。

例如:

```
peaks;
light('Color',[1 1 0],'Style','local','Position',[-4,-4,10]);   % 此命令表示在点(-4,-4,10)
                                                                   有一处黄色光源
```

2. 设置光照模式

利用 lighting 命令可以设置光照模式。

语法格式:

```
lighting 选项
```

其中,选项有以下几种取值:
- flat(默认值):使入射光均匀洒落在图形对象的每个面。
- gouraud:先对顶点颜色插补,再对顶点勾画的面上颜色进行插补。
- phong:先对顶点处的法线插值,再计算各个像素的反光。
- none:关闭所有光源。

【例 6-29】在两个柱体上设置不同光照模式,查看显示效果。

程序命令:

```
subplot(1,2,1);colormap([1 1 0]);cylinder(2,10);
lighting gouraud
light('color','r','style','local','position',[3,-3,0.6])
title('光照模式:gouraud')
subplot(1,2,2);cylinder(2,10);
lighting flat
light('color','y','style','local','position',[1,-1,0.8])
title('光照模式:flat')
```

图形效果如图 6.29 所示。

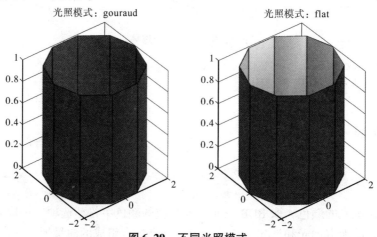

图 6.29 不同光照模式

6.2.9 设置等高线及垂帘

meshc 函数和 surfc 函数能分别在网格图和曲面图下的 xy 平面上生成曲面的等高线，meshz 函数能在曲线下面加上矩形垂帘。

【例 6-30】 meshc、surfc 和 meshz 函数的使用。
程序命令：

```
[x,y] = meshgrid( -8:0.5:8);
z = sin(sqrt(x.^2 + y.^2))./sqrt(x.^2 + y.^2);
subplot(1,3,1);meshc(x,y,z);title('meshc');
subplot(1,3,2);surfc(x,y,z);title('surfc');
subplot(1,3,3);meshz(x,y,z);title('meshz');
```

结果如图 6.30 所示。

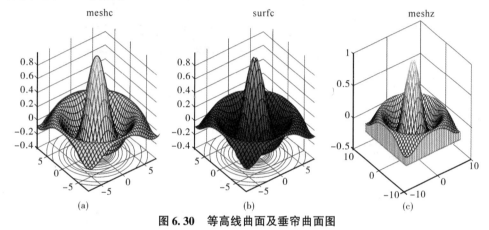

图 6.30　等高线曲面及垂帘曲面图
（a）等高线（网格）；（b）等高线（曲面）；（c）垂帘

6.3 创建动画过程

6.3.1 设置三维图形姿态

我们从不同的角度观察物体，所看到的物体形状是不一样的。同样，从不同视角绘制的三维图形的形状也是不一样的。视点位置可由方位角和仰角表示，MATLAB 提供了设置视点的函数。
语法格式：

```
view(az,el)      % az 为方位角,el 为仰角,均以度为单位
```

系统默认的视点定义为方位角为 -37.5 度，仰角 30 度。

【例 6-31】 从不同视角绘制多峰函数曲面。
程序命令：

```
subplot(2,2,1);mesh(peaks);
view(-37.5,30);title('方位角=-37.5度,仰角=30度');
subplot(2,2,2);mesh(peaks);
view(0,90);title('方位角=0度,仰角=90度');
subplot(2,2,3);mesh(peaks);
view(90,0);title('方位角=90度,仰角=0度');
subplot(2,2,4);mesh(peaks);
view(-7,-10);title('方位角=-7度,仰角=-10度');
```

结果如图 6.31 所示。

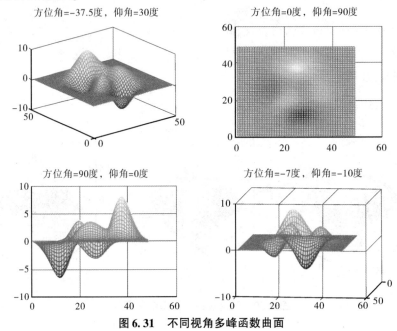

图 6.31 不同视角多峰函数曲面

6.3.2 使用动画函数

1. getframe 函数

```
getframe(n)    %生产动画的数据矩阵,它截取每幅画面信息(称为动画中的一帧),把一幅画面信
               息保存为一个 n 幅图面的列向量
```

2. moviein 函数

语法格式:

```
moviein(n)     %用来建立一个足够大的 n 列矩阵。为保存 n 幅画面的数据创建一个空间,以备快
               速播放
```

3. movie 函数

语法格式:

```
movie(m,n)              % 播放由矩阵 m 所定义的画面 n 次,默认时播放一次
```

4. drawnow 刷新屏幕

当代码执行时间长,需要反复执行绘图时,使用该函数可实时看到图像的每一步变化情况。例如,若要实时看到擦除曲线的图形,可使用 drawnow 实时更新。

程序命令:

```
x = -pi:pi/20:pi;
h = plot(x,cos(x),':','EraseMode','normal')
for k = 1:1000
 y = sin(2 * x + 0.01 * k);
 set(h,'ydata',y);
 drawnow;
 pause(0.02);
end
```

6.3.3 创建动画步骤

1. 初始化

调用 moviein 函数对内存进行初始化,创建一个能够容纳当前坐标轴和一系列指定图形的矩阵,其大小取决于每帧的像素和帧数的乘积。

2. 生成动画帧

调用 getframe 函数把捕捉的动画生成多帧画面。该函数返回一个列矢量,利用这个矢量创建一个电影动画矩阵。一般将该函数放在 for 循环中,得到一系列动画帧。

语法格式:

```
F = getframe            % 从当前图形框中得到动画帧
F = getframe(h)         % 从图形句柄 h 中得到动画帧
F = getframe(h,rect)    % 从图形句柄 h 的指定区域 rect 中得到动画帧
```

3. 播放

调用 movie 函数按照指定的速度和次数运行该电影动画。当创建了一系列动画帧后,可以利用 movie 函数播放这些动画帧。

语法格式:

```
movie(M)                % 将矩阵 M 中的动画帧播放一次
movie(M,n)              % 将矩阵 M 中的动画帧播放 n 次
movie(M,n,fps)          % 将矩阵 M 中的动画帧以每秒 fps 帧的速度播放 n 次
```

【例 6-32】绘制 peaks 函数曲面并将它绕 z 轴旋转。

程序命令:

```
clear;
peaks(30);axis off;
shading interp;colormap(hot);
m = moviein(20);                    %建立20列矩阵
for i = 1:20
view( -37.5 + 24 * (i - 1),30)      %改变视点
m(:,i) = getframe;                  %将图形保存到m矩阵
end
movie(m,2);                         %播放画面2次
```

结果如图 6.32 所示。

图 6.32　不同视角动画

【例 6 – 33】播放一个直径不断变化的球体。

程序命令：

```
n = 30
[x,y,z] = sphere
m = moviein(n);
for i = 1:n
    surf(i * x,i * y,i * z)
    m(:,i) = getframe;
end
movie(m,30);
```

结果如图 6.33 所示。

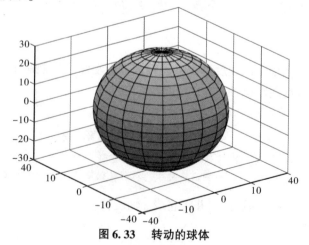

图 6.33　转动的球体

【例6-34】编写在圆环上重新画圆的动画。

程序命令：

```
x = 0:0.01:2*pi;
y = sin(x); z = cos(x);
h = plot(y,z,'b-'); axis([-2 2 -2 2]);
hold on; axis square;
  for k = 0:0.01:2*pi
    x = sin(k);
    y = cos(k);
plot(x,y,'r*');    drawnow;
end
```

结果如图6.34所示。

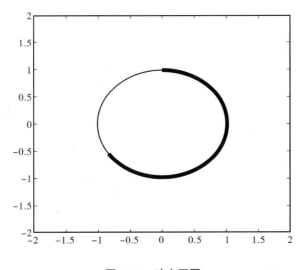

图6.34 动态画圆

【例6-35】绘制动画衰减曲线 $y = \sin(x+k)\mathrm{e}^{-\frac{x}{5}}$。

程序命令：

```
x = 0:0.1:8*pi;
h = plot(x,sin(x).*exp(-x/5),'EraseMode','xor');
axis([-inf inf -1 1]); grid on
  for i = 1:5000
    y = sin(x + i/50).*exp(-x/5);
    set(h,'ydata',y);         %设定新坐标
    drawnow;                  %刷新
end
```

结果如图6.35所示。

【例6-36】绘制带圆盘的峰值动画效果图。

程序命令：

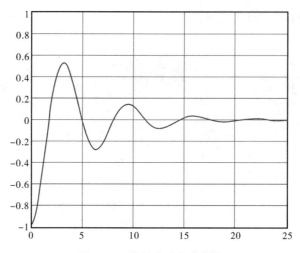

图 6.35 绘制动画衰减曲线

```
clear;r = linspace(0,4,30);              %圆盘半径
t = linspace(0,2*pi,50);                 %圆盘极坐标角
[rr,tt] = meshgrid(r,t);
xx = rr.*cos(tt);                        %圆盘 x 坐标
yy = rr.*sin(tt);                        %圆盘 y 坐标
zz = peaks(xx,yy);                       %画小山
n = 30;                                  %30 个画面
scale = cos(linspace(0,2*pi,n));
for i = 1:n
surf(xx,yy,zz*scale(i));                 %画图
axis([-inf inf -inf inf -8.5 8.5]);      %轴范围
box on   M(i) = getframe;                %存矩阵 M
end
movie(M,5);                              %播放 5 次
```

结果如图 6.36 所示。

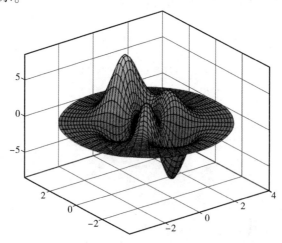

图 6.36 圆盘峰值动画

6.4 图像视频

6.4.1 图像文件操作

1. 图像读写

imread 函数用于将图像文件读入 MATLAB 工作空间，imwrite 函数用于将图像数据和色图数据一起写入一定格式的图像文件。MATLAB 支持多种图像文件格式，包括 .bmp、.jpg、.jpeg、.tif 等。

2. 图像显示

image 和 imagesc 函数用于图像显示。为了保证图像的显示效果，通常还使用 colormap 函数设置图像色图。

【例 6-37】有一幅图像 bit.jpg，编程实现在图形窗口中显示该图像。

程序命令：

```
[x,cmap] = imread('bit.jpg');    %读取图像的数据阵列和色图阵列
image(x);                        %放图
colormap(cmap);                  %保持颜色
axis image off                   %保持宽高比并取消坐标轴
```

结果如图 6.37 所示。

图 6.37 显示一幅图像

6.4.2 视频实现

从不同的视角拍下一系列对象的图形，并保存到变量，然后按照一定的顺序像放电影

一样播放。

【例6-38】将5幅圣诞老人静态图像文件（old1.gif,old2.gif,…,old5.gif）实现动画播放效果。

程序命令：

```
clear;clc;
for i = 1:5;
c = strcat('old',num2str(i));c = strcat(c,'.gif');
[n,cmap] = imread(c);          %读图像数据和色阵
image(n);colormap(cmap);
m(:,i) = getframe;             %保存画面
end
movie(m,20)                    %播放m阵定义的画面20次
```

结果如图6.38所示。

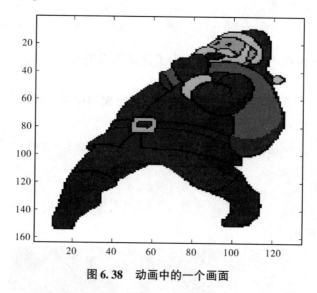

图6.38 动画中的一个画面

6.4.3 读取视频文件操作

1. implay 函数

语法格式：

```
implay('视频文件名')    %播放指定的视频文件所有帧
```

2. VideoReader 函数

语法格式：

```
obj = VideoReader('视频文件名')           %obj为结构体,用于读取视频文件对象
obj = VideoReader('视频文件名',设定值)
```

例如，播放 1～100 帧的调用方法：

```
mov = VideoReader('视频文件名');
frames = read(mov,[1,100]);
implay(frames)
```

说明：

在不同系统平台下，可以读取的视频文件类型包括：

(1) 所有 Windows 操作系统：AVI(.avi)、JPEG 2000(.mj2) 文件、MPEG-1(.mpg)、MPEG-4、264 编码视频 (.mp4、m4v)、Media Video(.wmv、asf、asx) 类型。

(2) Microsoft DirectShow 支持的类型。

(3) Apple QuickTime Movie (.mov) 和任何 Microsoft Media Foundation 支持的类型。

3. read 函数

语法格式：

```
video = read(obj);              %用于读取视频帧,该句获取该视频对象的所有帧
video = read(obj,index);        %获取该视频对象的制定帧
```

例如：

```
video = read(obj,1);            %获取第 1 帧
video = read(obj,[1 10]);       %获取前 10 帧
video = read(obj,Inf);          %获取最后一帧
video = read(obj,[50 Inf]);     %获取第 50 帧之后的帧
```

4. get/set 函数

语法格式：

```
  obj = VideoReader('视频文件名');
  Value = get(obj,Name)          %获取视频对象的参数
    Values = get(obj,{Name1,…,NameN})
set(obj,Name,Value)              %设置视频对象的参数
```

包括如下属性：

- Path：视频文件。
- NumberOfFrames：视频的总帧数。
- Duration：视频的总时长（秒）。
- FrameRate：视频帧速（帧/秒）。
- Height：视频帧的高度。
- Width：视频帧的宽度。
- BitsPerPixel：视频帧每个像素的数据长度（比特）。
- VideoFormat：视频的类型。

【例 6-39】根据提供的视频文件 rh.avi 执行操作。要求：

(1) 播放 rh.avi 视频文件的 1～100 帧。

（2）播放所有视频。

（3）将该视频拆分成静态图像，并保存为 .jpg 文件。

程序命令：

```
obj = VideoReader('rh.avi');                              % 读取视频文件
frames = read(obj,[1,100]);                               % 读取视频文件 1~100 帧
mplay(frames)                                             % 播放
implay('rh.avi')                                          % 播放全部帧
numFrames = obj.NumberOfFrames;                           % 帧的总数
for k = 1:numFrames                                       % 读取数据
    frame = read(obj,k);
    imshow(frame);                                        % 显示帧
    imwrite(frame,strcat(num2str(k),'.jpg'),'jpg');       % 保存帧
end
```

结果如图 6.39 所示。

图 6.39　播放视频文件

说明：

程序运行结束后，保存了文件名为 1.jpg ~ 114.jpg 的文件，共计 114 幅图像（原有帧数）。

6.4.4　视频文件操作

　　保存视频文件，是将动画一帧一帧地保存，它可以脱离 MATLAB 环境运行。将 VideoWrite 函数与 open、writeVideo 和 close 函数配合，可从图像（figure）中创建视频和图像文件，也可以创建 MPEG-4 文件。在 Windows 操作系统或其他平台上播放。VideoWrite 函数支持大于 2GB 的视频文件。写入视频的前提是不断获取图像帧，而这一步则通过每次更新 figure 上的图像来完成。即在绘图循环中，所有图像重绘结束后，使用 getframe 方法获取当前 figure 上的图像并写入打开的视频文件，VideoWrite 函数可设置添加 .avi、.mj2、.mp4 或者 .m4v 的扩展名，

函数默认保存为.avi文件。其中，写入视频的步骤如下：

1. 创建并打开视频文件

指定视频文件名称，并打开该视频文件。

```
myObj = VideoWriter('test.avi');      %指定一个视频文件名
open(myObj);                          %打开该视频文件
```

2. 在循环中更新图像帧

在循环中使用 getframe 方法获取当前图形上的图像。循环方法见6.4.2节的例6-38。

```
frame = getframe                      %获取图形帧
```

3. 将不断获取的图像帧写入视频中

```
writeVideo(myObj,Frame);              %//将帧写入视频
```

4. 循环结束后关闭视频文件句柄

```
close(myObj)                          %关闭文件句柄
```

【例6-40】把 old1.gif ~ old5.gif 五幅静态图片生成动画，并存储为视频文件 old.avi。
程序命令：

```
clear;
myObj = VideoWriter('old.avi');       %将视频文件 mtfile 写入视频对象
myObj.FrameRate = 12;                 %设置播放速度
open(myObj);
  for i = 1:5
    fname = strcat('old',num2str(i),'.gif');
    [n,cmap] = imread(fname);
    image(n);
    colormap(cmap);
    frame(:,i) = getframe;            %把图像存入视频文件
    writeVideo(myObj,frame);          %将帧写入视频
  end
close(myObj);
```

第 7 章 Simulink 仿真基础应用

7.1 Simulink 仿真界面及模型

Simulink 具有强大的用户交互界面，是动态系统用来建模、仿真和分析的软件包，它提供了一种图形化的交互环境，不需要编写代码，只要拖动鼠标来选择相关模块，就能迅速建立系统框图模型。

7.1.1 仿真界面及模型仿真

1. 仿真界面

在 MATLAB 的命令行窗口运行"simulink"命令或在主页面工具栏中单击"Simulink"图标，即可打开 Simulink 仿真界面，如图 7.1 所示。

图 7.1 Simulink 仿真界面

2. 搭建模型

(1) 双击界面框中的"Blank Model"图标，即可打开仿真模型编辑窗口，如图 7.2 所示。

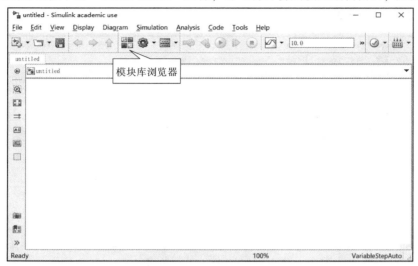

图 7.2 仿真模型编辑窗口

(2) 单击工具栏上带颜色的模块库浏览器"Library Browser"，即可打开模块库界面，如图 7.3 所示。该界面有左、右两个窗口，左窗口显示模块库目录，右窗口显示对应的模块内容。

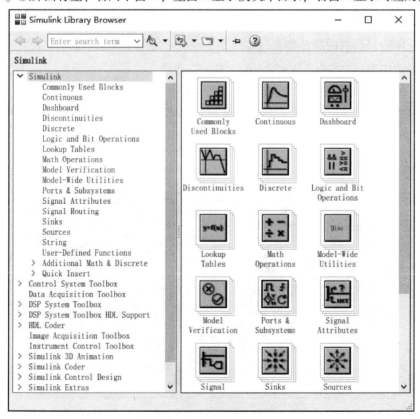

图 7.3 模块库目录及模块

（3）选中所需的模块，然后拖动到图7.2所示的空白模型窗口。建议将"Library Browser"始终设置在编辑窗口前端，以便拖动模块。例如，选择信号源"Sources"库中的正弦信号（Sine Wave）、连续系统模型库"Continues"中传递函数（Transfer Fun），再选择接收模块库"Sinks"中的示波器（Scope），然后按布局排列模块位置，如图7.4所示。

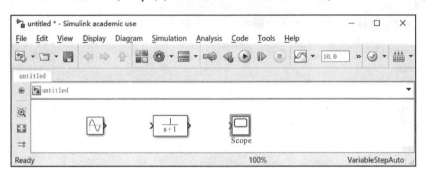

图7.4 搭建模型

（4）模块的一侧（或两侧）带有尖括号，左侧的">"表示输入端口，右侧的">"表示输出端口。直接拖动模块，将自动出现输入端口到输出端口的连接线，此时即可保存模型，运行仿真。

3. 仿真的方法

仿真方法有以下3种：

方法1：单击工具栏的绿色箭头 。

方法2：单击菜单"Simulation"下的"Run"命令。

方法3：使用〈Ctrl + T〉组合键。

使用以上三种方法均可完成仿真。仿真后，双击示波器图标，即可观测仿真结果，如图7.5所示。

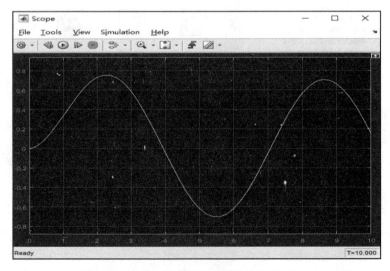

图7.5 查看仿真结果

7.1.2 基本模块

1. 数学模块库（Math Operations）

常用的数学模块如表 7-1 所示。

表 7-1 常用的数学运算模块

名称	模块形状	功能说明
Add	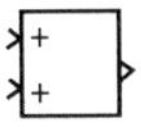	加法
Divide	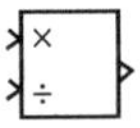	除法
Gain	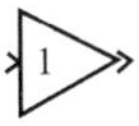	比例运算
Math Function	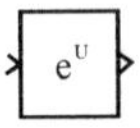	包括指数函数、对数函数、求平方、开根号等常用数学函数
Sign	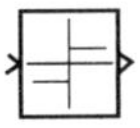	符号函数
Subtract	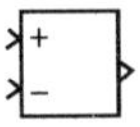	减法
Sum	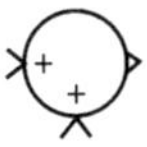	求和运算
Sum of Elements	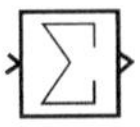	元素和运算

2. 输入信号源模块库（Sources）

常用的信号源模块如表 7-2 所示。

表 7-2 常用的输入信号源模块源

名称	模块形状	功能说明
Sine Wave	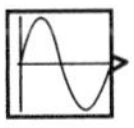	正弦波信号
Chirp Signal	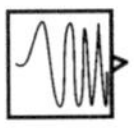	产生一个频率不断增大的正弦波
Clock		显示和提供仿真时间
Constant	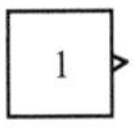	常数信号，可设置数值

名称	模块形状	功能说明
Step		阶跃信号
From File(.mat)	untitled.mat	从数据文件获取数据
In1	1	输入信号
Pulse Generator		脉冲发生器
Ramp		斜坡输入
Random Number		产生正态分布的随机数
Signal Generator		信号发生器，可产生正弦波、方波、锯齿波及随意波形

3. 接收模块库（Sinks）

常用的接收模块如表7-3所示。

表7-3 常用的接收模块

名称	模块形状	功能说明
Display		数字显示器
Floating Scope		悬浮示波器
Out1	1	输出端口
Scope		示波器
Stop Simulation	STOP	仿真停止
Terminator		终止未连接的输出端口
To File(.mat)	untitled.mat	将输出数据写入数据文件保护
To Workspace	Simout	将输出数据写入MATLAB的工作空间
XY Graph		显示二维图形

4. 连续系统模块库（Continuous）

常用的连续系统模块如表 7-4 所示。

表 7-4　常用的连续系统模块

名称	模块形状	功能说明
Derivative	$\frac{\Delta u}{\Delta r}$	微分环节
Integrator	$\frac{1}{s}$	积分环节
Integrator Scond-Order	$u\ \frac{1}{s^2}\ \frac{x}{dx}$	二阶积分器
State-Space	x=Ax+Bu y=Cx+Du	状态方程模型
Transfer Fcn	$\frac{1}{s+1}$	传递函数模型
Transport Delay		把输入信号按给定的时间做延时
Zero-Pole	$\frac{(s-1)}{s(s+1)}$	零—极点增益模型
PID-Controller	PID(s)	PID 控制器

5. 离散系统模块库（Discrete）

常用的离散模块库如表 7-5 所示。

表 7-5　常用的离散系统模块

名称	模块形状	功能说明
Difference	$\frac{z-1}{z}$	差分环节
Discrete Derivative	$\frac{K(z-1)}{Tsz}$	离散微分环节
Discrete Filter	$\frac{0.5+0.5z^{-1}}{1}$	离散滤波器
Discrete State-Space	Ex=Ax+Bu y=Cx+Du	离散状态空间系统模型
Discrete Transfer-Fcn	$\frac{1}{z+0.5}$	离散传递函数模型

续表

名称	模块形状	功能说明
Discrete Zero-Pole	$\frac{(z-1)}{z(z-0.5)}$	以零极点表示的离散传递函数模型
Discrete-time Integrator	$\frac{KTs}{z-1}$	离散时间积分器
First-Order Hold		一阶保持器
Zero-Order Hold		零阶保持器
Transfer Fcn First Order	$\frac{0.05z}{z-0.95}$	离散一阶传递函数
Transfer Fcn Lead or Lag	$\frac{z-0.75}{z-0.95}$	传递函数
Transfer Fcn Real Zero	$\frac{z-0.75}{z}$	离散零点传递函数

6. 非线性系统模块库（Discontinuities）

常用的非线性模块如表7-6所示。

表7-6 常用的非线性系统模块

名称	模块形状	功能说明
Backlash		间隙非线性
Coulomb&Viscous Friction		库仑和黏度摩擦非线性
Dead Zone		死区非线性
Rate Limiter Dynamic		动态限制信号的变化速率
Relay		滞环比较器，限制输出值在某一范围内变化
Saturation		饱和输出，让输出超过某一值时能够饱和

7. 通用模块库（Commonly Used Blocks）

常用的通用模块如表7-7所示。

表 7-7 常用的通用模块

名称	模块形状	功能说明
Bus Creator		创建信号总线库
Bus Selector		总线选择模块
Mux		将多路信号集成一路
Demux		将一路信号分解成多路
Logical Operator	AND	逻辑"与"操作

7.2 模块参数设置

7.2.1 基本参数设置

1. 正弦信号源（Sine Wave）模块

双击信号源"Sources"库中的正弦信号源模块，会出现如图 7.6 所示的参数设置对话框。其上部分为参数说明，有助于用户设置参数。其中，Sine type 为正弦类型；Amplitude

图 7.6 正弦信号源模块参数设置对话框

为正弦幅值；Bias 为幅值偏移值；Frequency 为正弦频率；Phase 为初始相角；Sample time 为采样时间。

2. 阶跃信号源（Step）模块

阶跃信号源也属于"Sources"输入信号源，其模块参数对话框如图 7.7 所示。其中，Step time 为阶跃信号的变化时刻；Initial value 为初值；Final value 为终止值；Sample time 为采样时间。

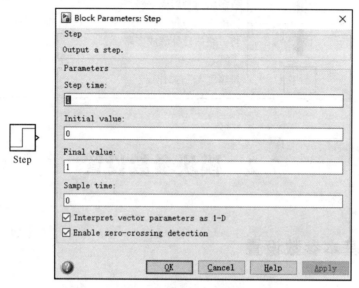

图 7.7 阶跃信号源模块参数设置对话框

3. 传递函数（Transfer function）模块

传递函数模块属于"Continue"模块库，是用来构成连续系统结构的模块，其模块参数对话框如图 7.8 所示。

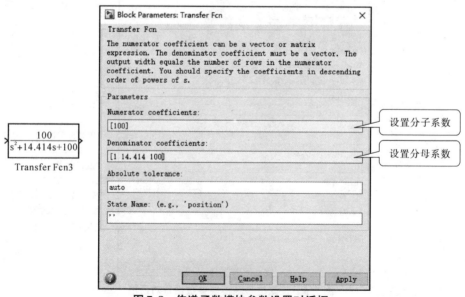

图 7.8 传递函数模块参数设置对话框

说明：

一般只需要设置分子、分母系数即可，其顺序从高次项到低次项最后到零次项。例如，在分子系数文本框输入"1 2"，在分母系数文本框输入"1 2 3 100"，则模型为 $\dfrac{x+2}{x^3+2x^2+3x+100}$。

4. 示波器模块参数设置

（1）在 Sinks 模块库中拖动示波器"Scope"，双击该图标，即可打开示波器样式界面，修改显示曲线的样式属性，如图7.9所示。

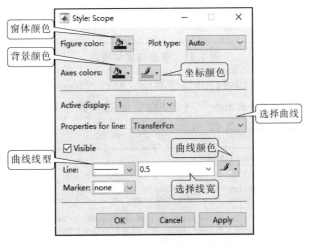

图7.9　修改示波器显示样式

（2）使用标尺可以测量曲线各点的横坐标（时间）和纵坐标（幅度）数值。设置方法及完整放大的曲线如图7.10所示。

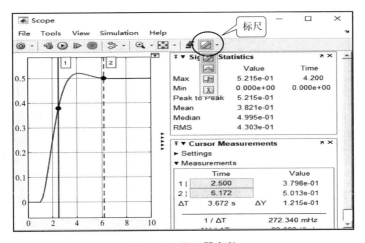

图7.10　显示器参数

5. 求和模块参数设置

（1）在数学"Math Operations"模块库中可以选择求和模块。其中，Subtract 和 Sum 分别用于求差与求和，如图7.11所示。

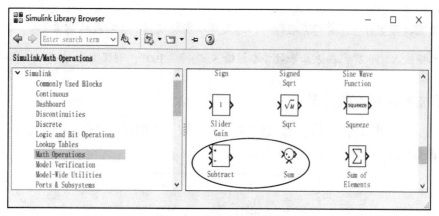

图 7.11 求差与求和模块

(2) 分别双击两个模块,均可打开设置界面,修改"Icon shape"(图标形状),可以改变为"round"(圆形)或"rectangle"(方形),通过修改"List of signs"的"+-"号,能修改信号的求和与求差,如图 7.12 所示。

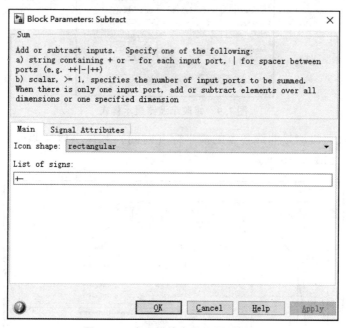

图 7.12 求和模块参数设置对话框

在信号属性"Signal Attributes"对话框中,可设置数据类型,默认是"Inherit via internal rule"(通过内部规则继承),取整类型默认是"Floor"(取整数)。

6. 放大器模块参数设置

(1) 在"Math Operations"子模块库中选择放大器模块"Gain"。它可与微分模块、积分模块联用,也可单独使用。

(2) 双击"Gain"模块图标,打开设置对话框,默认值为 1,可根据需要设置相应参数,如图 7.13 所示。

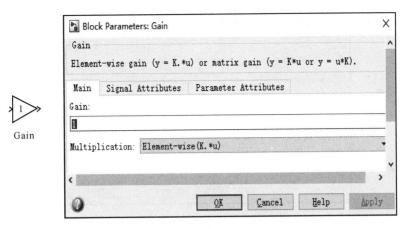

图 7.13　放大器模块参数设置

7. 信号叠加模块

在"Math Operations"子模块库中可以选择信号叠加模块"Add"。它可将多路信号叠加在一起。双击"Add"模块，打开设置对话框，文本框中的"+"个数即信号叠加的个数，默认 2 个，可根据需要添加个数，如图 7.14 所示。

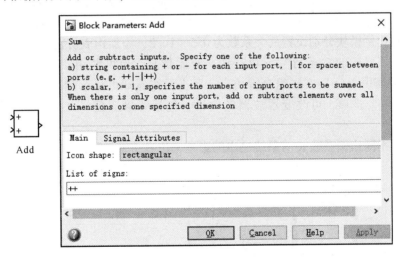

图 7.14　信号叠加模块参数设置

说明：

在信号属性"Signal Attributes"中可以设置数据类型，设置方法与求和模块相同。

8. 多路复用模块

（1）在"Commonly Used Blocks"子模块库中，Mux 模块可将多路标量（或矢量）输入信号组合成一个标量（或矢量）输出，所有的输入信号必须具有相同的数据类型，且矢量输入信号必须从上到下按顺序传到输入端口。

（2）默认的输入模块数量为 2，可以双击模块图标打开设置对话框进行设置，如图 7.15 所示。

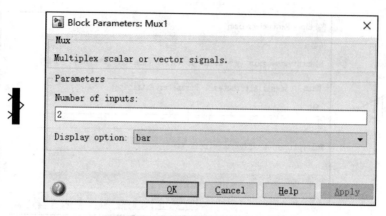

图 7.15　多路复用模块参数设置

【说明】

该模块适合将多路信号输出到一个示波器上进行对比。

【例 7-1】对 $K=0.5$，$K=1$，$K=2$ 三个不同参数的比例模块（用三角形表示，当 $K>1$ 时为放大作用，当 $K<1$ 时为缩小作用，当 $K=1$ 时为原信号），建立模型并仿真。

步骤如下：

（1）在"Sources"子模块库中选择方波信号"Step"模块，在"Commonly Used Blocks"子模块库选择"Gain"和"Aux"模块，在"Sinks"模块库选择示波器信号"Scope"模块。

（2）使用比例模块分别设置放大系数为 0.5、1、2，添加构成仿真系统。

（3）单击工具栏的"运行"绿色按钮，开始仿真。也可使用"Simulation"菜单下的"Run"命令或使用〈Ctrl+T〉组合键仿真，双击示波器即可显示阶跃响应。通过"View"菜单下的"Style"选项，可改变示波器的属性，包括背景颜色、坐标颜色、曲线的颜色、宽度等。

（4）研究不同比例系数 K 对系统输出的影响，仿真结果如图 7.16 所示。

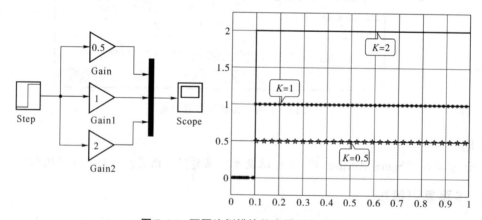

图 7.16　不同比例模块仿真模型及结果

【例 7-2】建立连续系统不同参数的模型并进行仿真。

步骤如下：

（1）按照例 7-1 的步骤（1）添加输入信号"Step"模块和示波器"Scope"模块。

(2) 在"Continuous"子模块库中选择"Transfer Fcn"模块,分别设置三个连续模型参数:分子 [2 0]、分母 [1 1];分子 [5 0]、分母 [1 1];分子 [10 0]、分母 [1 1]。

(3) 使用〈Ctrl + T〉组合键进行仿真,其仿真模型及结果如图 7.17 所示。

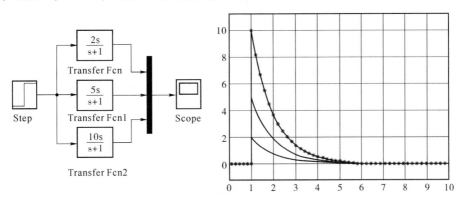

图 7.17　不同参数的仿真模型及结果

【例 7 – 3】使用比例模块和积分模块(用 1/s 标识),改变不同比例参数(1,3,5)建立模型,并进行仿真。

步骤:

(1) 按照例 7 – 1 的步骤,加入"Continuous"子模块库中的"Integrator"模块(积分环节),构成 3 组比例模块加积分模块,研究不同比例参数下对输出的影响。

(2) 使用〈Ctrl + T〉组合键进行仿真,其仿真模型及结果如图 7.18 所示。

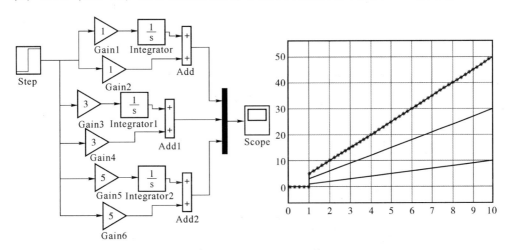

图 7.18　改变比例、不同参数的仿真模型及结果

【例 7 – 4】建立如图 7.19 所示的复杂模型并进行系统仿真。

步骤:

(1) 按照例 7 – 1 的步骤(1)添加输入信号"Step"模块、示波器"Scope"模块和比例模块"Gain"。

(2) 在"Math Operations"子模块库中加入 2 个信号叠加模块"Add",分别双击,修改"＋"和"－"的个数。

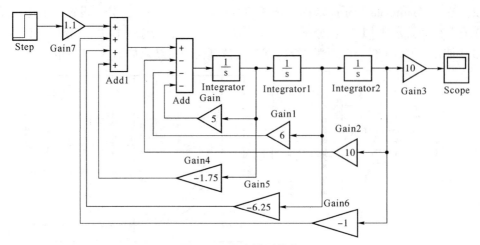

图 7.19　复杂模型仿真

（3）使用〈Ctrl + T〉组合键进行仿真，仿真结果如图 7.20 所示。

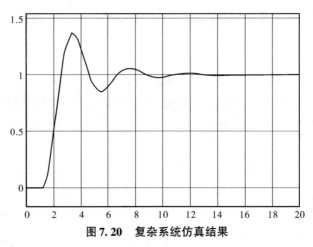

图 7.20　复杂系统仿真结果

7.2.2　模块属性设置

每个模块的属性对话框的内容都相同。
（1）说明（Description）：对模块在模型中用法的注释。
（2）优先级（Priority）：规定该模块在模型中相对于其他模块执行的优先顺序。
（3）标记（Tag）：用户为模块添加的文本格式标记。
（4）调用函数（Open function）：当用户双击该模块时调用的 MATLAB 函数。
（5）属性格式字符串（Attributes format string）：指定在该模块的图标下显示模块的哪个参数和格式。

7.2.3　仿真参数设置

仿真之前，需要修改配置参数，包括数值类型、开始时间、停止时间及最大步长等。步骤如下：

1. 打开修改窗口

在模型窗口选择"Simulation"菜单下的"Model Configuration Parameters"命令或直接按〈Ctrl + E〉组合键，如图 7.21 所示。

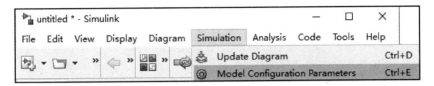

图 7.21　打开仿真参数设置

2. 修改数据项参数

在打开的参数设置对话框中可以设置仿真器参数（Solver）、工作间数据输入/输出（Data Import/Export）、数据类型（Math and Data Types）、诊断参数（Diagnostics）、硬件实现（Hardware Implementation）、模型引用（Model Referencing）、仿真目标（Simulation Target）、代码生成（Code Generation）等设置。仿真器参数可设置仿真起止时间、仿真求解类型（Type）及微分方程组设置（Solver），定义配置参数如图 7.22 所示。

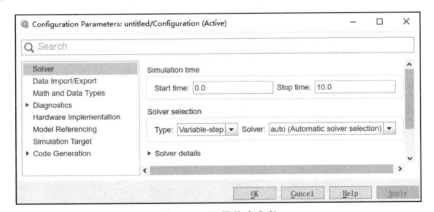

图 7.22　配置仿真参数

3. 附加操作（Additional options）

附加操作包括：

最大步长（Max step size）：最大步长 = (Stop time – Start time)/50，默认自动（auto）。

最小步长（Min step size）：默认自动（auto）。

初始步长（Initial step size）：默认自动（auto）。

相对误差（Relative tolerance）：默认 10^{-3}。

绝对误差（Absolute tolerance）：默认自动（auto）。

形状保存（Shape preservation）：默认关闭。

附加操作参数设置对话框如图 7.23 所示。

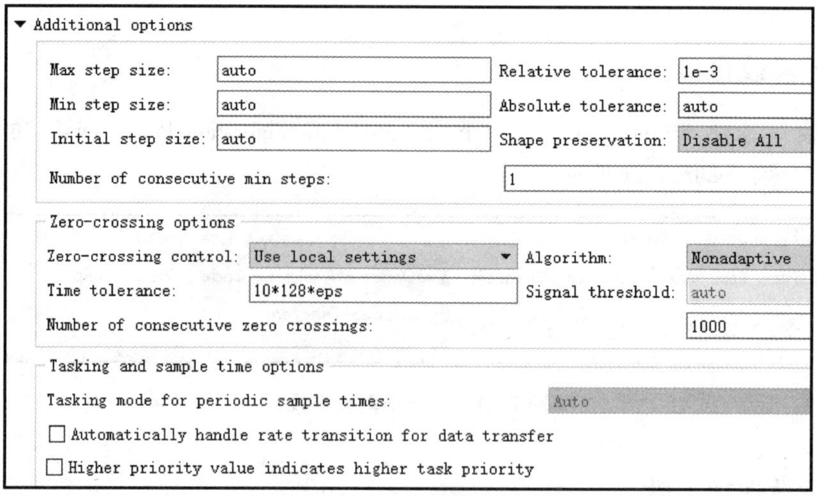

图 7.23 附加操作参数设置对话框

说明：

根据需要设置仿真参数，可以产生不同的输出效果。

4. 工作间数据输入/输出设置

单击"Data Import/Export"，打开输入/输出参数设置对话框，如图 7.24 所示。

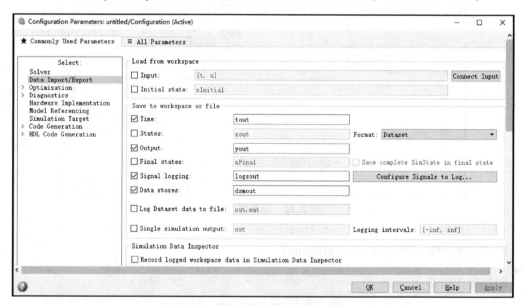

图 7.24 输入/输出参数设置对话框

（1）从工作间载入数据的"Input"栏是从工作间输入变量到模型的输入端口，将其中 [t, u] 的 t 送到输入端口。

（2）"Initial state"中的 xInitial 变量为模型所有状态变量的初始值。

（3）保存到工作间或文件的默认变量分别是 tout、xout、yout 和 xFinal，这些变量用于与工作间输入/输出的交互。

7.3 Simulink 仿真命令

MATLAB Simulink 主要功能是实现动态系统建模、仿真与分析。该方法为控制理论中进行系统分析、设计提供了极大方便。与传统实验比较,可将其视为把实验硬件搬进了计算机。在实验系统中,将被控对象的各种电子元器件、导线、输入信号源、示波器等全过程在计算机中仿真运行。

7.3.1 线性化处理命令

线性化处理命令如表 7-8 所示。

表 7-8 线性化处理命令

函数名	含义	函数名	含义
linmod	从连续时间系统中获取线性模型	dinmod	从离散时间系统中获取线性模型
linmod2	采用高级方法获取线性模型	trim	为仿真系统寻找稳定的状态参数

例如:

```
[A,B,C,D] = linmod2 ('模型名');      %提取状态方程模型
G = ss (A, B, C, D);
```

7.3.2 构建模型命令

构建模型命令如表 7-9 所示。

表 7-9 构建模型命令

函数名	含义	函数名	含义
open_system	打开已有的模型	Combinatorial	建立一张真值表
close_system	关闭已打开的模型或模块	Dead Zone	建立一个死区模块
new_system	创建新的空模型窗口	bdclose	关闭一个 Simulink 窗口
load_system	加载模型并使模型不可见	bdroot	根层次下的模块名字
save_system	保存模型	gcb	获取当前模块的名字
find_system	查找模型	gcbh	获取当前模块的句柄
hilite_system	醒目显示模型	gcs	获取当前系统的名字
add_block	添加一个新模块	getfullname	获取模型的完全路径名
delete_block	删除一个模块	addterms	添加结束模块
replace_block	用新模块代替已有的模块	boolean	将数值数组转化为布尔值

续表

函数名	含义	函数名	含义
delete_line	删除一根线	Discrete State-Space	建立离散状态空间模型
add_line	添加模块之间的连线	Discrete Transfer Fcn	建立离散多项式传递函数
set_param	设置模型或模块参数	Discrete Zero-Pole	建立零极点离散传递函数
get_param	获取模块或模型的参数	Filter	建立 IIR 和 FIR 滤波器
add_param	添加用户自定义字符串参数	First-Order Hold	建立一阶采样保持器
delete_param	删除用户自定义的参数	Unit Delay	延迟信号采样周期
Gain	添加一个常数增益	Zero-Order Hold	建立采样周期的零阶保持器
Matrix Gain	添加一个矩阵增益	Derivative	对输入信号进行微分
Slider Gain	以滑动形式改变增益	Sum	对输入信号进行求和
Inner Product	对输入信号求点积	Limited Integrator	在规定的范围内进行积分
Integrator	对输入信号进行积分	Logical Operator	对输入信号进行逻辑运算
State-Space	建立线性状态空间传递函数	MATLAB Fcn	对输入信号进行处理
Transfer Fcn	建立一个线性传递函数	Abs	输出输入信号的绝对值
Zero-Pole	建立一个零极点传递函数	Backlash	用放映方式模仿系统的特性

1. 创建新模型

new_system 命令用来在 MATLAB 的工作空间创建一个空白的 Simulink 模型。

语法格式：

```
new_system('newmodel',option)    %newmodel 为模型名;option 选项可以是 library 或
                                  model,也可以省略,默认为 model
```

2. 打开模型

open_system 命令用来打开逻辑模型，在 Simulink 模型窗口显示该模型。

语法格式：

```
open_system('model')             %model 为模型名
```

3. 保存模型

save_system 命令用来保存模型为模型文件，扩展名为 .mdl。

语法格式：

```
save_system('model',文件名)       %model 为模型名,可省略,如果不给出模型名,则自动保
                                  存当前的模型;文件名指保存的文件名,是字符串,也可
                                  省略,如果不省略则保存为新文件
```

4. 添加模块

使用 add_block 命令在打开的模型窗口中添加新模块。

语法格式：

```
add_block('源模块名','目标模块名','属性名1','属性值1','属性名2','属性值2',…)
% 源模块名为一个已知的库模块名,或在其他模型窗口中定义的模块名,Simulink自带的模块为内在
模块,如正弦信号模块为"built-in/Sine Wave";目标模块名为在模型窗口中使用的模块名
```

5. 添加信号线

建立仿真的所有模块需要用信号线连接起来,添加信号线使用add_line命令。
语法格式:

```
add_line('模块名','起始模块名/输出端口号','终止模块名/输入端口号')
```

其中,模块名为在模型窗口中的模块名;起始模块名为连线的一端;终止模块名为连线的另一端。

例如,添加传递函数与示波器连接线:

```
add_line('mymodel','TransferFcn/1','Scope/1')
```

6. 删除模块

语法格式:

```
delete_block('文件名/模块名')
```

例如,删除示波器模块可使用:

```
delete_block('文件名/Scope')
```

7. 删除信号线

语法格式:

```
delete_line('模块名','起始模块名/输出端口号','终止模块名/输入端口号')
```

【例7-5】 用MATLAB命令添加四个模块,连接成一个二阶系统模型并进行仿真。
(1) 程序命令:

```
new_system('mymodel')                                    % 建立模型文件 mymodel
open_system('mymodel')                                   % 打开模型文件 mymodel
save_system('mymodel')                                   % 保存模型文件 mymodel
add_block('built-in/Step','mymodel/Step','position',[20,90,50,120])
                                                         % 添加方波模块 Step
add_block('built-in/Sum','mymodel/Sum','position',[80,100,100,120])
                                                         % 添加求和模块 Sum
add_block('built-in/TransferFcn','mymodel/TransferFcn','position',[150,90,250,130])
                                                         % 添加传递函数
add_block('built-in/Scope','mymodel/Scope','position',[290,90,320,130])
                                                         % 添加示波器
add_block('built-in/Gain','mymodel/Gain','position',[200,180,250,200])
                                                         % 添加增益模块
set_param('mymodel/Gain','Gain','-1')                    % 设置增益值为 -1
```

```
add_line('mymodel','Step/1','Sum/1')           %添加方波模块与求和模块的连接线
add_line('mymodel','Sum/1','TransferFcn/1')    %添加求和模块与传递函数的连接线
add_line('mymodel','TransferFcn/1','Scope/1')  %添加传递函数与示波器的连接线
add_line('mymodel','Gain/1','Sum/2')           %添加求和模块与增益模块的连接线
add_line('mymodel','TransferFcn/1','Gain/1')   %添加传递函数与增益模块的连接线
```

（2）使用〈F5〉快捷键运行，选择增益模块后通过〈Ctrl + R〉组合键改变方向，使之旋转180°。再使用〈Ctrl + T〉组合键运行仿真，得到仿真结果。双击示波器"Scope"图标，打开示波器设置对话框，修改背景颜色、前景颜色和坐标颜色及边缘颜色，仿真结果如图7.25所示。

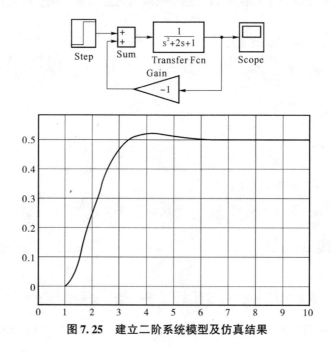

图7.25 建立二阶系统模型及仿真结果

7.3.3 与.m文件组合仿真

仿真运行命令如表7-10所示。

表7-10 Simulink 运行命令

函数名	含义	函数名	含义
sim	仿真运行一个 Simulink 模块	set_param	设置参数
simset	设置仿真参数	simget	获取仿真参数

1. sim( )函数

在命令行窗口使用 sim 命令可以方便地对建立的模型进行仿真。
语法格式：

```
[t,x,y] = sim('mymodel',timespan,options,ut)          %仿真结果为输出矩阵
```

或

```
[t,x,y1,y2,…,yi,…,yn] = sim('mymodel',timespan,options,ut)   %仿真后逐个输出参数
```

说明：

（1）mymodel：模型名，用单引号括起来（注意不带扩展名.mdl）。

（2）timespan：仿真时间区间，若只有一个参数，则表示开始时间为0；若有两个参数 [tStart,tFinal]，则表示起始时间和终止时间；若有三个参数 [tStart OutputTimes tFinal]，则表示除起止时间外，还指定输出时间点（通常输出时间t会包含更多点，这里指定的点相当于附加的点）。

（3）options：模型控制参数，它是一个结构体，该结构体通过simset创建，包括模型求解器、误差控制等都可以通过这个参数指定（不修改模型，但使用和模型对话框里设置的不同选择）。

（4）ut：外部输入向量。timespan、options和ut参数都可省略，系统自动配置参数。

（5）输出参数：t表示仿真时间向量；x表示状态矩阵，每行对应一个时刻的状态，连续状态在前，离散状态在后；y表示输出矩阵，每行对应一个时刻；每列对应根模型的一个Outport模块（如果Outport模块的输入是向量，则在y中会占用相应的列数）。

（6）y1,y2,…yi,…,yn：把y分开，每个yi对应一个Outport模块。

2. simset 函数

simset函数用来为sim函数建立或编辑仿真参数或规定算法，并把设置结果保存在一个结构变量中。它有以下4种用法：

（1）options = simset(property,value,…)：把property代表的参数赋值为value，结果保存在结构options中。

（2）options = simset(old_opstruct,property,value,…)：把已有的结构old_opstruct（由simset产生）中的参数property重新赋值为value，结果保存在新结构options中。

（3）options = simset(old_opstruct,new_opstruct)：用结构new_opstruct的值替代已经存在的结构old_opstruct的值。

（4）simset：显示所有参数名和它们可能的值。

3. simget 函数

simget函数用来获得模型的参数设置值。如果参数值是用一个变量名定义的，则simget函数返回的也是该变量值而不是变量名。如果该变量在工作空间中不存在（即变量未被赋值），则Simulink给出一个出错信息。该函数有以下3种用法：

（1）struct = simget(modname)：返回指定模型的参数设置的操作结构。

（2）value = simget(modname,property)：返回指定模型的参数属性值。

（3）value = simget(options,property)：获取操作结构中的参数属性值。如果在该结构中未指定该参数，则返回一个空矩阵。

4. set_param 函数

1) 设置仿真参数

语法格式:

```
set_param(modname,property,value,…)    %modname 为设置的模型名;property 为要设置的参数;value 是设置值。这里设置的参数可以有很多种,而且和用 simset 设置的内容基本一致
```

2) 控制仿真进程

语法格式:

```
set_param(modname,'SimulationCommand','cmd')   %modname 为模型名称,而 cmd 是控制仿真进程的各个命令,包括 start、stop、pause、comtinue 或 update
```

⚠ 注意:

在使用这两个函数的时候,需要注意必须先把模型打开。

【例 7-6】使用 sim 函数重新运行建立的 "mymodel" 模型阶跃响应。

程序命令:

```
[t,x,y] = sim('mymodel',[0,15]);    %t 为时间列向量;x 为状态变量;y 为输出信号
plot(t,x(:,2));                      %每列对应一路输出信号
grid on;
```

运行结果如图 7.26 所示。

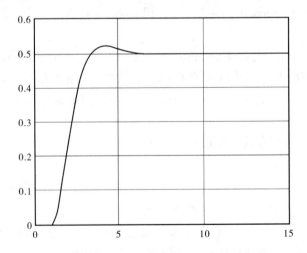

图 7.26 使用 sim 运行模型结果

【例 7-7】仿真模型如图 7.27 所示,并存储为 "sinout.slx",根据.m 文件运行仿真结果。

程序命令:

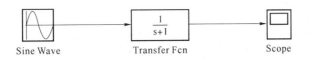

图 7.27 sinout.mdl 模型

```
[tout,yout] = sim('sinout')
plot(tout,yout,'bp')
```

运行结果如图 7.28 所示。

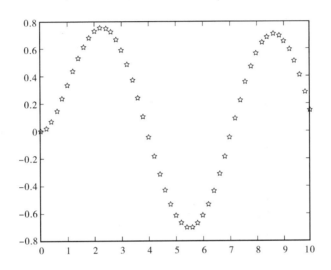

图 7.28 模型运行结果

【例 7-8】通过 .m 脚本文件设置 PID 参数进行仿真。

(1) 建立仿真模型，如图 7.29 所示。

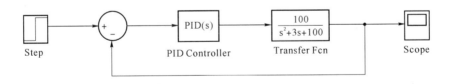

图 7.29 建立仿真模型

(2) 双击 PID 控制器，设置参数，如图 7.30 所示。
(3) 在命令框输入以下程序命令：

```
Kp = 5;Ki = 2;Kd = 2;
[t,simout] = sim('inout')
plot(t,simout(:,2) * 100,'b-');
```

运行结果如图 7.31 所示。

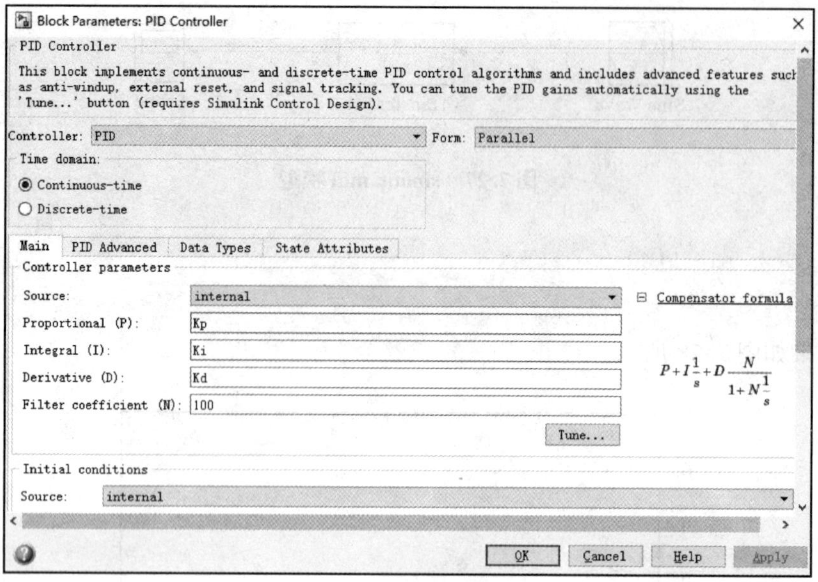

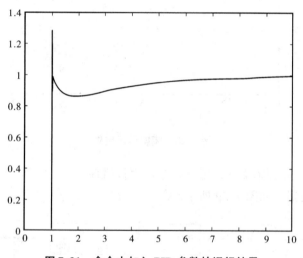

图 7.30 设置模型变量

图 7.31 命令中加入 PID 参数的运行结果

【例 7-9】 根据下列二阶系统标准传递函数,研究阻尼比 $\zeta = 0, 0.5, 1, 2$ 四种情况下及自由振荡频率 $\omega_n = 1$ 时,系统的动态指标变化情况。

$$G(s) = \frac{\omega_n}{s^2 + 2\zeta\omega_n s + \omega_n}$$

步骤如下:

(1) 在"Sources"模块库选择"Step"模块,在"Sink"模块库中拖拽"Scope"图标。

(2) 在"Continuous"模块库中选择"Transfer Fcn"模块,双击该模块,添加变量参数,如图 7.32 所示。

(3) 建立的仿真参数模型,存储为 order2.slx 文件,如图 7.33 所示。

(4) 单击"新建脚本"按钮,建立仿真.m 文件。

图 7.32 设置变量参数

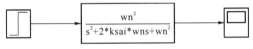

图 7.33 建立仿真参数模型

程序命令:

```
wn = 1;
for ksai = [0,0.5,1,2]
[t,simout] = sim('order2')
plot(t,simout(:,2) * 100,'b -');hold on;
end
```

(5) 按〈F5〉快捷键，运行脚本.m 文件，仿真结果如图 7.34 所示。

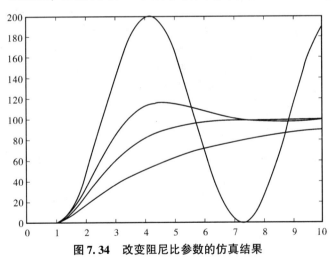

图 7.34 改变阻尼比参数的仿真结果

7.4 子系统的封装

子系统可以包含多个分层模型，可以用一个子系统 Subsystem 模块替换一组模块。其中，

Subsystem 模块位于一层，而构成子系统的模块位于另一层，将功能相关的模块放在一起，有助于减少窗口中显示的模块数目。对于复杂度高的仿真模型，可以通过子系统来简化模块结构。

【例 7 - 10】绘制 PID 闭环控制系统框图，将 PID 控制器划分为子系统。

步骤如下：

(1) 选用方波输入、示波器输出、连续系统及放大器模块搭建模型，形成一个闭环控制系统。双击放大器图标，在弹出的对话框中添加 Kp、Ki 和 Kd 参数，如图 7.35 所示。

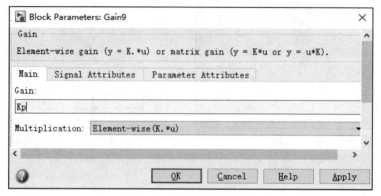

图 7.35　设置放大器参数

(2) 用鼠标选择虚线框内 PID 控制的 7 个模块，选中的模块及连线变粗且颜色发生变化，如图 7.36 所示。

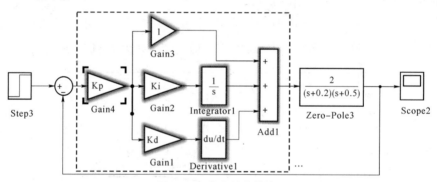

图 7.36　选中封装模块

(3) 选择"Diagram"菜单下的"Subsystem"命令，再单击"Create Subsystem from Selection"命令（或按〈Ctrl + G〉组合键），打开封装对话框，如图 7.37 所示。

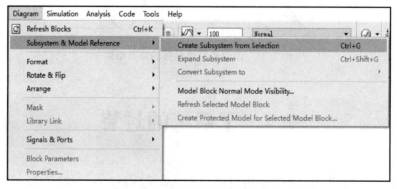

图 7.37　打开封装对话框的步骤

(4) 将 PID 控制器 7 个模块形成子系统后,成为 1 个模块,如图 7.38 所示。

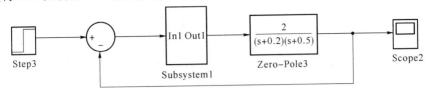

图 7.38 封装后结果

⚠ 注意:
完成该操作无法恢复到封装之前的形式,建议封装前进行保存原系统。

(5) 双击封装后的"inf Out1"模块,可以展示子系统的模型结构,如图 7.39 所示。

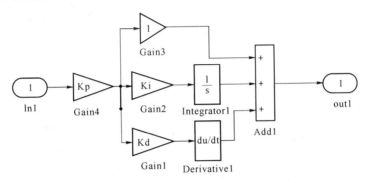

图 7.39 封装原系统

(6) 选择"Diagram"菜单,单击"Mask"下的"Create Mask",打开子封装子模块标识编辑器(Mask Editor),在第一个选项卡"Icon&Ports"(图标及端口)中可以添加子系统的标签,添加显示命令 disp('标签注释'),利用回车符"\n"来增加行距。加入后,在左下角将显示标签内容,如图 7.40 所示。

(7) 添加标签后的结果如图 7.41 所示。

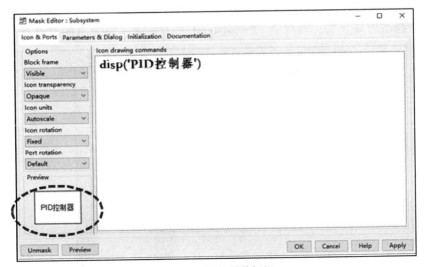

图 7.40 添加封装标识

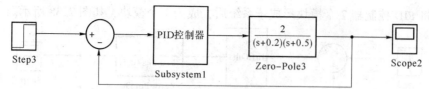

图7.41　添加标识封装结果

（8）在图7.42所示的"Mask Editor"对话框中，选择"Parameter & Dialog"（参数及对话）选项卡，该选项卡有3个窗口。单击左侧窗口的"Edit"，在右侧的窗口中设置参数名（Name）、初始值（Value）、提示符（Prompt）、编辑的类型（Type）等。例如：第1次，设置"Name"为"Kp"、初始值"Value"为"2"、"Prompt"为"Kp＝？"、编辑的类型"Type"为"edit"；第2次设置"Name"为"Ki"、初始值"Value"为"1"、"Prompt"为"Ki＝？"、编辑的类型"Type"为"edit"；第3次设置"Name"为"Kd"、初始值"Value"为"0"、"Prompt"为"Kd＝？"、编辑的类型"Type"为"edit"。

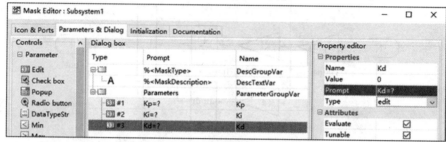

图7.42　"Mask Editor"对话框

（9）单击"运行"按钮，进行仿真。仿真后，子系统出现一个箭头标识（封闭变量标识），如图7.43所示。

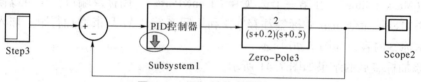

图7.43　添加封装变量标识

（10）若修改仿真参数，则双击"Subsystem1"子系统，在弹出的对话框中输入参数，即可进行修改，如图7.44所示。

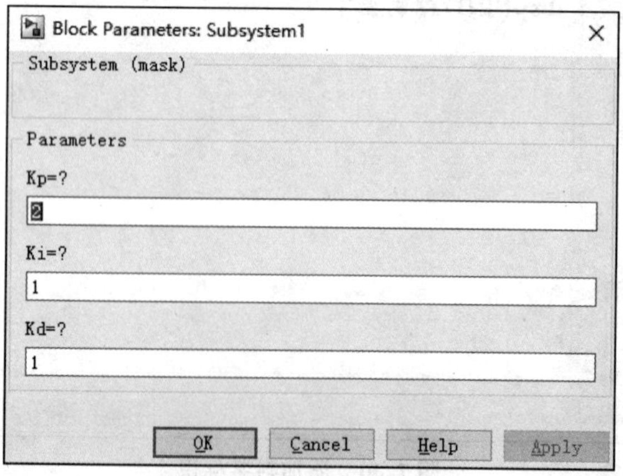

图7.44　修改封装参数

(11) 双击示波器模块，即可看到仿真结果，如图7.45所示。

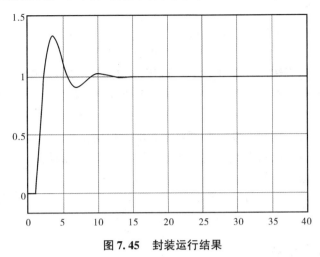

图 7.45　封装运行结果

7.5　与 S 函数组合仿真

MATLAB 的 S 函数为系统函数（System Function），可以使用 C、C++及 Fortran 语言编写 Simulink 模块。利用系统提供的资源，可以编写对硬件接口的操作，完成复杂的算法设计而不局限于 Simulink 已有的模块功能，特别是 MATLAB 所提供的 Simulink 模块不能满足用户的需求时，就需要用编程的形式设计出 S 函数模块，将其嵌入系统。这种方法既能够支持连续系统，还能支持离散系统和混合系统，可将其看作一种扩展仿真功能的方法。Simulink 在每个仿真阶段都会对 S-function 进行调用。

7.5.1　S 函数的结构

在命令行窗口输入"edit sfuntmpl"，即可出现 S 函数模板的内容，sfuntmpl.m 文件位于 MATLAB 根目录 toolbox/simulink/blocks 文件夹下，打开 S 模板函数能查看工作原理说明及框架结构。S 函数的定义形式：

```
function [sys,x0,str,ts,simStateCompliance] = sfuntmpl(t,x,u,flag)
```

其中，sys 为一个通用的返回参数值，用结构体表示，用于设置模块参数，其输出根据 flag 参数值的不同而不同；x0 为状态变量的初始值；str 为保留参数，一般在初始化中将它置空，即 str=[]；ts 为一个 2 列矩阵，ts（1）是采样时间，ts（2）是偏移量，如果设置为[0 0]，那么每个连续的采样时间步都运行，设置为[-1 0]表示按照所连接的模块的采样速率进行，设置为[0.25 0.1]表示在仿真开始的0.1 s 后每0.25 s 运行一次，采样时间点为 TimeHit = n×period + offset，它们的次序不能变动；t 为采样时间；x 为状态变量；u 为输入（做成 Simulink 模块的输入）；flag 为仿真过程中的状态标志（以它来判断当前是初始化还是运行状态）。

1. S 函数的标志（flag 参数）

flag 参数是控制在每一个仿真阶段调用哪一个子函数的参数，由 Simulink 在调用时自动取值，flag 可以选择 0、1、2、3、4、9 等几个数值。

（1）flag = 0。进行系统的初始化过程，调用 mdlInitializeSizes 函数，对参数进行初始化设置，如离散状态个数、连续状态个数、模块输入和输出的路数、模块的采样周期个数、状态变量初始数值等。

（2）flag = 1。进行连续状态变量的更新，调用 mdlDerivatives 函数。

（3）flag = 2。进行离散状态变量的更新，调用 mdlUpdate 函数。

（4）flag = 3。求取系统的输出信号，调用 mdlOutputs 函数。

（5）flag = 4。调用 mdlGetTimeOfNextVarHit 函数，计算下一仿真时刻，由 sys 返回。

（6）flag = 9。终止仿真过程，调用 mdlTerminate 函数。

2. S 函数的编写过程

S – Function 的结构十分简单，根据 switch 语句选择 flag 值，即可调用相应 .m 文件的子函数。在编写时，建议借助模板文件（sfuntmpl.m）的框架进行修改，把 "S – 函数名" 换成期望的函数名称，用相应的代码替换模板里各个子函数的代码。若需要额外的输入参量，则在输入参数列表的后面增加参数即可。flag = 1 到 flag = 4 是 Simulink 调用 S – Function 时自动传入的。在调用时，Simulink 会根据所处的仿真阶段为 flag 传入不同的值，还会为 sys 返回参数指定不同的角色，若对应的 flag 值不起作用，则将其所调用的函数设为空或输入 sys = [ ]。

编写结构如下：

```
case 1,
sys = mdlDerivatives(t,x,u);
flag = 1    %表示此时要计算连续状态的微分。若设置连续状态变量的个数为0,则在此处只需设置
            sys = [];若使用状态方程,则可设置 sys = A*x(1) + B*u,x(1)是连续状态变量,而
            x(2)是离散状态变量;若只用到连续状态变量,则此时输出的 sys 就是微分
case 2,
sys = mdlUpdate(t,x,u);
flag = 2    %表示此时要计算下一个离散状态,一般设置 sys = fd(t,x(2),u)或 sys = H*x(2) + G*
            u;若没有离散状态,则设置 sys = [],sys 即 x(k+1)的值
case 3,
sys = mdlOutputs(t,x,u);
flag = 3    %计算输出,使用状态变量时,设置 sys = C*x + D*u;若没有输出,则设置 sys = [];
            sys 表示输出 y 的值
case 4,
sys = mdlGetTimeOfNextVarHit(t,x,u);
flag = 4    %该函数主要用于变步长的设置,表示此时要计算下一次采样的时间(只在离散采样系统
            中,当采样时间不为0时有用),连续系统设置 sys = []即可
case 9,
sys = mdlTerminate(t,x,u);
flag = 9    %设置系统结束状态,若在结束时还需输出,一般写上 sys = []即可
```

3. 定义 S – Function 的初始信息

Simulink 仿真时，需要识别 S – Function 的说明信息，包括采样时间、连续或者离散状态个数等初始条件。这一部分操作在 flag = 0 的 mdlInitializeSizes 子函数里完成。Sizes 数组是 S – Function 函数信息的载体。

编写结构如下：

```
case 0,
[sys,x0,str,ts] = mdlInitializeSizes;
flag = 0
size = simsizes;                    %用于设置模块参数的结构体,用simsizes生成
sizes.NumContStates = 0;            %模块连续状态变量的个数(状态向量连续部分的宽度)
sizes.NumDiscStates = 0;            %模块离散状态变量的个数(状态向量离散部分的宽度)
sizes.NumOutputs = 0;               %模块输出变量的个数(输出向量的宽度)
sizes.NumInputs = 0;                %模块输入变量的个数(输入向量的宽度)
sizes.DirFeedthrough = 1;           %模块是否存在直接贯通
sizes.NumSampleTimes = 1;           %模块的采样时间个数,至少一个,如果字段代表的向量宽度为动
                                    态可变,则可以将它们赋值为 –1
sys = simsizes(sizes);              %设置完后赋值给 sys 输出
```

- DirFeedthrough：布尔变量，它的取值只有 0 和 1 两种。0 表示没有直接馈入，此时用户在编写 mdlOutputs 子函数时就要确保子函数的代码里不出现输入变量 u；1 表示有直接馈入。
- NumSampleTimes：表示采样时间的个数，也就是 ts 变量的行数，与用户对 ts 的定义有关。

⚠️ **注意：**

由于 S – Function 会忽略端口，所以当有多个输入变量或多个输出变量时，必须用 Mux 模块或 Demux 模块将多个单一输入合成一个复合输入向量，或将一个复合输出向量分解为多个单一输出。

7.5.2 S 函数操作

1. 用户定义 S 函数

在命令行窗口输入"Simulink"或在工具栏单击"Simulink"菜单，打开仿真编辑窗口，单击模块库左侧的"User – Defined Functions"选项。

2. 系统提供 S – Function 示例

S 函数具有固定的程序格式，用户既可以用 MATLAB 语言编写 S 函数，也可以用 C、C++、Fortran 语言进行编写，在使用非 MATLAB 语言进行编写时，需要使用编译器来生成动态链接库 .dll 文件。单击图中的深色模块，如图 7.46 所示。

在打开的 S 函数示例"S – Function Examples"对话框中，可看到系统预置了四个接口 S 函数示例，选择不同编程语言查看演示文件学习编程方法，如图 7.47 所示。

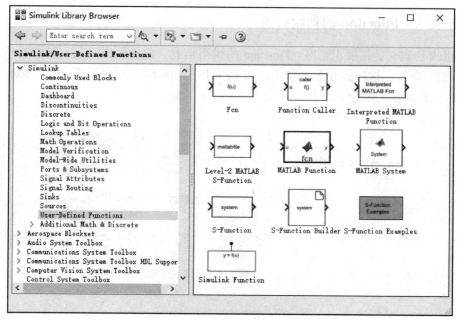

图7.46 打开定义 S 函数定义窗口

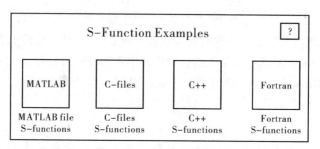

图7.47 S 接口函数案例

3. 设置 S – Function 函数参数

在图 7.46 所示的窗口中选择"S – Function"模块并拖动到模型编辑器上,双击该模块图标即可打开设置对话框,在"S – function name"文本框中输入自己编写的 S 函数的函数名,设置 S 函数的参数,如图 7.48 所示。

4. 运行 S 函数

S 函数的代码编写完成后,搭建 Simulink 仿真模型,即可仿真。

7.5.3　S 函数应用案例

【例 7 – 11】已知系统状态方程,通过模块和创建的 S 函数模块来对比输出是否相同。

$$A = \begin{bmatrix} 0 & 1 \\ -1 & -2 \end{bmatrix}, B = \begin{bmatrix} 0 \\ 1 \end{bmatrix}, C = \begin{bmatrix} 0 & 1 \end{bmatrix}$$

$$\dot{x} = Ax(t) + Bu(t)$$
$$y = Cx$$

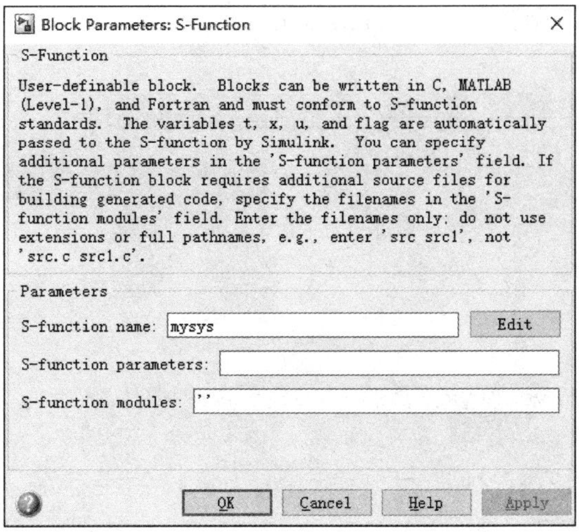

图 7.48 设置 S 函数的函数名和参数

步骤如下：

（1）建立仿真模型如图 7.49 所示。

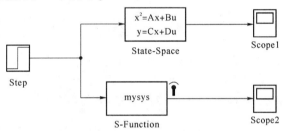

图 7.49 建立仿真模型

（2）双击状态空间模型"State-Space"，设置状态方程参数，如图 7.50 所示。

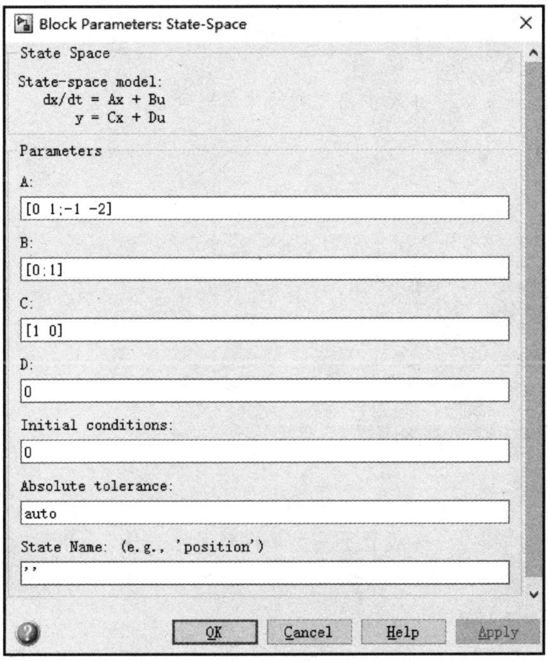

图 7.50 设置状态方程参数

(3) 编写连续系统 S 函数并命名 "mysys.m"。
程序命令：

```
function [sys,x0,str,ts] = mysys(t,x,u,flag,A,B,C,D)
A = [0 1; -1 -2]; B = [0;1]; C = [1 0];
D = 0;
switch flag,
  case 0,
    [sys,x0,str,ts] = mdlInitializeSizes(A,B,C,D)
  case 1,
    sys = mdlDerivatives(t,x,u,A,B,C,D);
  case 2,
    sys = mdlUpdate(t,x,u);
  case 3,
    sys = mdlOutputs(t,x,u,A,B,C,D);
  case 4,
    sys = mdlGetTimeOfNextVarHit(t,x,u);
  case 9,
    sys = mdlTerminate(t,x,u);
  otherwise
    error(['unhandled flag =',num2str(flag)]);
end
function [sys,x0,str,ts] = mdlInitializeSizes(A,B,C,D)
sizes = simsizes;
sizes.NumContStates    = 2;
sizes.NumDiscStates    = 0;
sizes.NumOutputs       = 1;
sizes.NumInputs        = 1;
sizes.DirFeedthrough   = 1;
sizes.NumSampleTimes   = 1;   %至少需要一次采样时间
sys = simsizes(sizes);
x0 = [0;0];
str = [];
ts = [0,0];
function sys = mdlDerivatives(t,x,u,A,B,C,D)
sys = A * x + B * u;
function sys = mdlUpdate(t,x,u)
sys = [];
function sys = mdlOutputs(t,x,u,A,B,C,D)
sys = C * x + D * u;
function sys = mdlGetTimeOfNextVarHit(t,x,u)
sampleTime = 1;              %设置下一个采样时间为1秒
sys = t + sampleTime;
function sys = mdlTerminate(t,x,u)
sys = [];
```

(4) 启动仿真,查看两个示波器的结果,如图 7.51 所示。

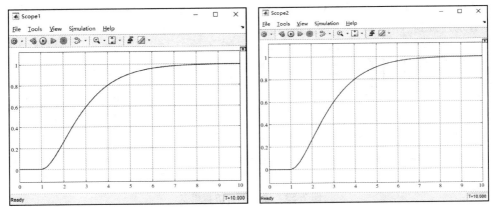

图 7.51　S 函数仿真结果

7.6　与函数模块组合仿真

MATLAB Function 函数是系统提供的函数模块,若需要在仿真过程中实现一些复杂计算功能,则可以使用 MATLAB Function 模块进行组合仿真。

MATLAB Function 函数的打开方法与 S 函数相似,打开仿真编辑窗口,单击模块库左侧的"User-Defined Functions",选择"MATLAB Function"即可,见 7.5.2 节。

【例 7-12】使用方波信号和斜波信号组合叠加进行仿真。

步骤如下:

(1) 在命令行窗口输入"Simulink",建立一个空白的仿真模型,单击模块库左侧的"User-Defined Functions",选中"MATLAB Function"图标后,按住左键不放,将该图标拖到空白的 Simulink 界面中心,拖动"Sources"的方波信号(Step1)图标和斜波信号(Ramp1)图标到左侧,再拖动"Sinks"的示波器(Scope1)图标到右侧,如图 7.52 所示。

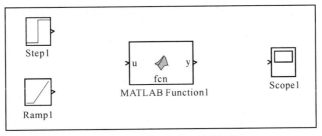

图 7.52　编辑组合仿真模型

(2) 双击"MATLAB Function1"模块,编写程序定义输入量如下:

```
function  y = fcn(s1,s2)
% #codegen
y = s1 + s2;
```

(3) 将两个输入口分别命名为 s1 和 s2，保存以后回到 Simulink 界面。仿真运行后可以发现，之前只有一个输入端的 MATLAB Function1 模块出现了两个输入端口：s1 和 s2。将输入信号分别连接到这两个端口，再连接示波器，如图 7.53 所示。

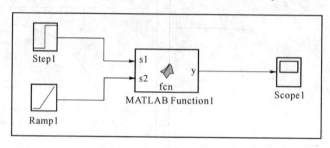

图 7.53　建立组合仿真模型

(4) 为了体现两个信号的叠加效果，分别将"Step1"和"Ramp1"的开始时间"Start Time"均改为 2 s，仿真运行后的结果如图 7.54 所示。

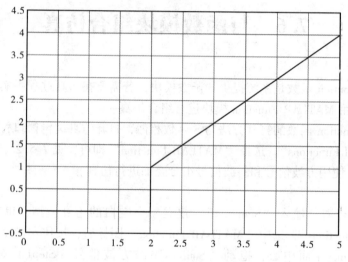

图 7.54　组合仿真结果

(5) 拓展输出接口，再双击"MATLAB Function"模块，修改模块程序如下：

```
function [y1,y2,y3] = fcn(s1,s2)
% #codegen
y1 = s1;
y2 = s2;
y3 = s1 + s2;
```

(6) 经过拓展后，"MATLAB Function1"模块出现 y1、y2、y3 三个输出口，若将它们分别连线到一个示波器上。此时需要修改示波器参数，方法是：右键单击示波器"Scope1"，打开快捷菜单，选择"Signals&Ports"菜单下的"Number of Input Ports"选项，勾选 3 路输出即可。如图 7.55 所示。

(7) 分别连接输出到示波器，仿真模型如图 7.56 所示。

(8) 仿真运行，结果如图 7.57 所示。

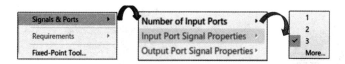

图 7.55 修改示波器参数

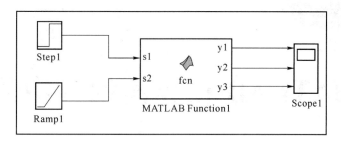

图 7.56 扩展组合仿真模型

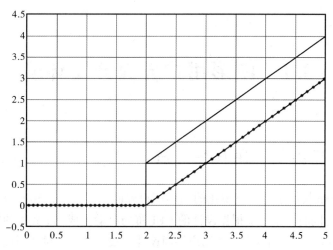

图 7.57 扩展组合仿真结果

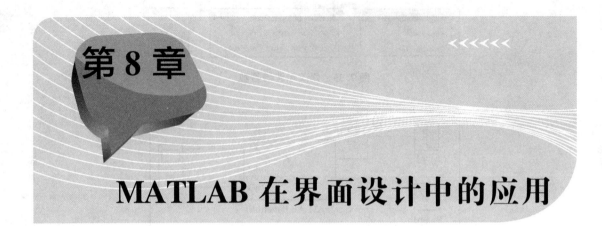

第 8 章 MATLAB 在界面设计中的应用

8.1 图形用户界面开发环境

8.1.1 创建界面应用程序方法

MATLAB R2018b 提供了一套可视化的图形用户界面,用户在创建 GUI(Graphical User Interface) 应用程序的同时,系统能根据设计的 GUI 布局自动生成 .m 文件的框架,用户可以使用这一框架来编制自己的应用程序,如用户界面设计、菜单设计、对话框设计等。

在命令行窗口输入"guide",按〈Enter〉键,即可打开图形窗口,GUI 的新建对话框如图 8.1 所示。

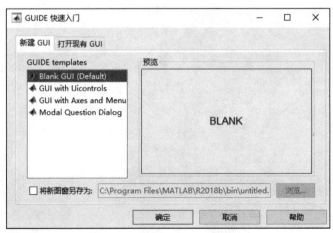

图 8.1 "新建 GUI"对话框

- Blank GUI(Default)：默认设置，表示在空白界面上建立 GUI 应用程序。在存储 .fig 文件的同时，自动产生一个 .m 文件，用于存储调用函数，该文件不再包含 GUI 的布局代码。
- GUI with Uicontrols：建立一个控制界面应用程序，包括文本框、按钮、单选框、复选框等多种人机接口表单，如图 8.2 所示。

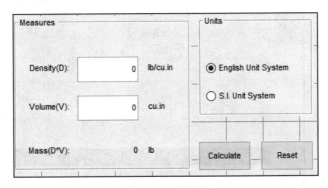

图 8.2　对话框界面

- GUI with Axes and Menu：建立一个坐标轴和菜单界面应用程序，包括文本框、按钮和坐标轴的一个图形界面应用程序，单击"Update"按钮，将出现变化曲线，如图 8.3 所示。
- Modal Question Dialog：建立一个信息对话框应用程序，如图 8.4 所示。

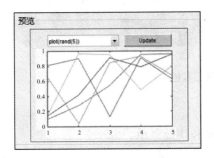 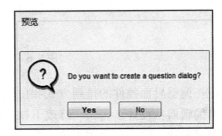

图 8.3　图形坐标界面　　　　　图 8.4　信息对话框界面

8.1.2　使用空白界面建立 GUI 应用程序

1. 界面及工具栏

在命令行窗口输入"guide"，默认打开空白 GUI 界面，如图 8.5 所示。其中，顶部工具栏可用于对文件及编辑属性的设置，如图 8.6 所示。

2. 工具栏说明

工具栏中的各工具项说明如下：
- 关于文件操作：从"新建"到"前进"8 个工具项与 Windows 操作系统中界面的文件操作相同。

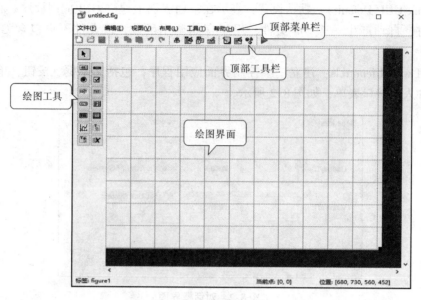

图 8.5　空白窗口界面

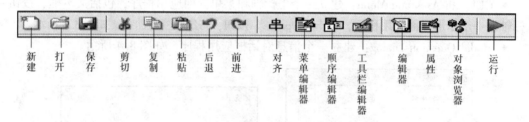

图 8.6　顶部工具栏

- 对齐：调整界面控件的排列方式和位置。
- 菜单编辑器：设计、编辑、修改下拉菜单和快捷菜单。
- 顺序编辑器：设置当前用户按〈Tab〉键时，对象被选中的先后次序。
- 工具栏编辑器：编辑界面工具栏内容。
- 编辑器：编辑该界面的程序（.m 文件）内容。
- 属性：设置对象控件的属性值。
- 对象浏览器：可获取界面上的控件名称和标识，双击标识打开属性窗口，可浏览界面属性设置。
- 运行：运行当前 GUI 的界面程序。

3. 绘图工具

绘图工具如图 8.7 所示。各绘图工具的说明如下：

- 按钮（Push Buttons）：执行某种预定的功能或操作。
- 单选框（Radio Button）：单个单选框用来在两种状态之间切换；当多个单选框组成一个单选框组时，用户只能在一组状态中选择单一的状态，称之为单选项。
- 文本编辑器（Editable Texts）：用来使用所输入的字符串的值，可以对编辑框中的内容进行编辑、删除和替换等操作。

- 弹出式菜单框(Popup Menus)：让用户从弹出式菜单项中选择一项作为参数输入。
- 开关按钮（Toggle Button）：产生一个动作并指示一个二进制状态（开或关），当单击时，按钮将下陷，并执行 Callback（回调函数）中指定的内容，再次单击，按钮复原，并再次执行 Callback 中指定的内容。
- 坐标轴（Axes）：用于显示图形和图像。
- 按钮组（Botton Group）：产生一组选择按钮对象。
- 选择框（Select Boxes）：用来选择操作区域。
- 滚动条（Slider）：可输入指定范围的数量值。
- 复选框（Check Boxes）：单个的复选框用来在两种状态之间切换，多个复选框组成一个复选框组时，可使用户在一组状态中进行组合式选择，称之为多选项。

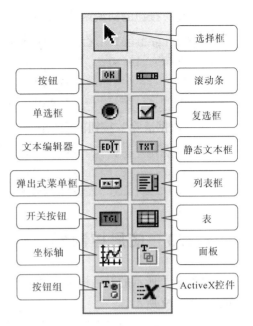

图 8.7　绘图工具

- 静态文本框（Static Texts）：仅用于显示单行说明文字。
- 列表框（List Boxes）：在其中定义一系列可供选择的字符串。
- 表（Table）：产生一个表格对象。
- 面板（Panel）：在图形窗口圈出一块区域。
- ActiveX 控件：面向对象程序工具的组件模型（COM）。

4. 案例操作

【例 8-1】编写一个如图 8.8 所示的数制转换界面。要求：单击"开始转换"按钮，显示转换数据；单击"数据清除"按钮，清除静态文本框数据。

步骤如下：

（1）在命令行窗口输入"guide"，打开 UI 设计窗口，在窗口中拖动"面板"控件到设计窗口，右键单击，打开"属性检查器"，修改标题"Title"为"数制转换"、字体大小"Fontsize"为"20"、背景颜色"BackgroundColor"为"黄色"。

图 8.8　播放器模拟界面案例

（2）添加三个静态文本，在属性检查器中分别修改标签属性"string"为"输入十进制""输出十六进制"和"输出二进制"。

（3）添加三个可编辑文本，在属性检查器中分别修改标签属性"string"为空。

（4）添加两个按钮，在属性检查器中分别修改标签属性"string"为"开始转换"和"数据清除"。

（5）右键单击这两个按钮，在弹出的快捷菜单中选择"查看回调"的"CallBack"。在

"开始转换"按钮的回调函数中添加如下程序命令：

```
A = get(handles.edit1,'string')              %edit1 为第 1 个可编辑文本
B = str2double(A);
set(handles.edit2,'string',dec2hex(B));      %edit2 为第 2 个可编辑文本
set(handles.edit3,'string',dec2bin(B));      %edit3 为第 3 个可编辑文本
```

在"数据清除"按钮的回调函数中添加如下程序命令：

```
set(handles.edit1,'string','');
set(handles.edit2,'string','');
set(handles.edit3,'string','');
```

8.1.3 使用控制界面建立应用程序编辑

在图 8.1 所示的对话框中选择"GUI with Uicontrols"，将弹出一个可执行相乘运算的界面，如图 8.9 所示。

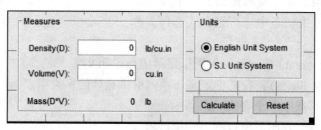

图 8.9 控制样例界面

单击工具栏"运行"按钮，则可产生一个计算两数乘积的界面，在文本框中输入数据后，单击"Calculate"按钮，则出现乘积的值，如图 8.10 所示。

右键单击"Calculate"按钮，弹出图 8.11 所示的快捷菜单，可以选择"编辑器"或"属性检查器"来修改.m文件的调用函数。在任一控件上单击右键，会弹出属性菜单，通过该菜单可以完成布局编辑器的大部分操作。

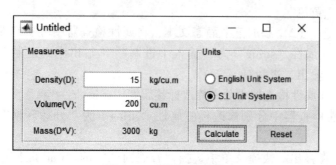

图 8.10 样例运行结果

图 8.11 右键快捷菜单

- 对象浏览器：用于获得当前 MATLAB 图形用户界面程序中的全部对象信息和对象的类型，同时显示控件的名称和标识，双击控件即可打开该控件的属性编辑器。
- 编辑器：用于编辑界面控件的属性值。
- 属性检查器：可以查询并设置属性值。

【例 8-2】利用控制界面修改为称重计价器界面，如图 8.12 所示。

步骤如下：

（1）在命令行窗口输入"guide"，选择"GUI with Uicontrols"，添加标签，打开"属性检查器"，在"String"中输入"计价器"。

（2）分别选择标签、按钮和面板的标识，右键单击，打开"属性检查器"的"String"，修改为相应的文字标识。

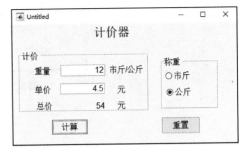

图 8.12　计价器界面

（3）分别添加"重量"和"单价"两个可编辑文本，分别右键单击，打开"属性检查器"对话框，在"重量"标识的"Tag"属性中输入"density"，在"单价"标识的"Tag"属性中输入"volume"。

（4）添加一个显示结果"总价"的标签，打开其"属性检查器"对话框，在"Tag"属性中输入"mass"。

（5）为"称重"选择按钮添加代码：

```
if (hObject == handles.two)
    set(handles.text4,'String','公斤'); flag =1;
else
    set(handles.text4,'String','市斤'); flag =0.5;
end
```

（6）为"计算"按钮添加代码：

```
mass = handles.metricdata.density * handles.metricdata.volum * flag;
set(handles.mass,'String',mass);
```

8.1.4　使用坐标轴和菜单建立应用程序

在图 8.1 所示的对话框中选择"GUI with Axes and Menu"，打开一个坐标轴和菜单界面，通过菜单项来选择预置的图形，如图 8.13 所示。

样例中预置了典型绘图，包括绘制随机曲线、柱形图、薄膜曲线和多峰网面图。选择"Surf Cpeaks"（多峰网面）样式，再单击"Update"按钮，即可绘制多峰网面，如图 8.14 所示。

8.1.5　使用信息对话框界面建立应用程序

在图 8.1 所示的对话框中选择"Modal Question Dialog"，可建立信息对话框，右键单击信息框标签，选择"属性检查器"，可修改显示的内容，如图 8.15 所示。

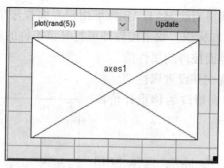

图 8.13 绘图默认窗口

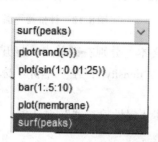
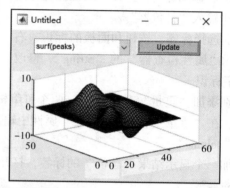

图 8.14 绘图预置薄膜曲线多峰网面

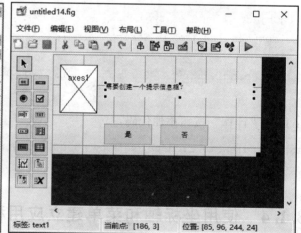

图 8.15 修改对话框文字内容

运行结果如图 8.16 所示。

图 8.16 对话框显示结果

8.1.6 创建标准对话框

1. 打开文件对话框

语法格式：

```
[FileName,PathName,FilterIndex] = uigetfile(FilterSpec,DialogTitle,DefaultName)
```

其中，FileName 为打开的文件名；PathName 为文件所在路径名；FilterIndex 为打开文件的类型设置，可设置一种可选择的文件类型，也可设置多种；DialogTitle 为打开对话框的标题，字符串；DefaultName 为默认指向的文件名。

【例 8-3】打开一幅 *.jpg 图片文件。

程序命令：

```
clear;
[filename,pathname] = uigetfile('*.jpg','读一幅图片文件')
img = imread([pathname,filename]);
imshow(img);
```

结果：

打开文件夹进行选择，显示图片文件路径及图片文件名，选中图片（如选中 2.jpg），单击"打开"按钮，如图 8.17 所示。

图 8.17 打开图片文件

同时，可在命令窗口和工作区中看到选择的结果，如图 8.18 所示。

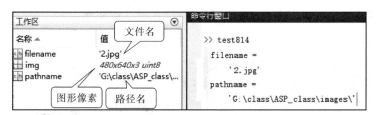

图 8.18 显示图片文件信息

2. 保存文件对话框

语法格式：

```
[filename,pathname]=uiputfile(FilterIndex,DialogTitle);
```

其中，filename 为获取保存数据名称；pathname 为获取保存数据路径；FilterIndex 为保存文件的类型设置；DialogTitle 为打开对话框的标题，字符串。

3. 颜色设置对话框

语法格式：

```
c=uisetcolor;
c=uisetcolor([r g b])
c=uisetcolor(h)
c=uisetcolor(…,'dialogTitle')
```

或

```
c=uisetcolor(c0);
```

例如，打开颜色选项选择颜色设置，程序命令：

```
>>uisetcolor('选择一个颜色')
```

结果：
打开颜色盒，如图 8.19 所示。

4. 字体设置对话框

语法格式：

```
h=uisetfont(h_Text,strTitle)
```

其中，h_Text 为要改变的字符句柄，strTitle 为对话框标题。
例如，打开选择字体设置，程序命令：

```
>>uisetfont('选择字体设置')
```

结果：
显示字体设置对话框，如图 8.20 所示。

5. 警告、错误与提示信息对话框

MATLAB 系统提供了显示警告、错误与提示信息对话框函数。
语法格式：

```
warndlg({'提示信息','对话框显示内容'},'标题栏显示信息')
errordlg({'提示信息','对话框显示内容'},'标题栏显示信息')
helpdlg({'提示信息','对话框显示内容'},'标题栏显示信息')
```

可以看出，与信息框内容设置方法相似。

图 8.19　选择颜色　　　　　　　图 8.20　选择字体

【例 8-4】显示警告、错误与提示信息对话框。

程序命令：

```
h = warndlg({'出现了一个警告信息','重新运行一下吧'},'警告对话框')
h = errordlg({'发生了一个错误信息','程序中断'},'错误对话框')
h = helpdlg({'帮助对话框','希望帮助到你'},'帮助信息对话框')
```

运行结果如图 8.21 所示。

图 8.21　警告、错误与提示信息对话框

8.2　MATLAB 句柄式图形对象

8.2.1　句柄式图形对象

在 MATLAB 中，每一个对象都由一个数字来标识，此标识成为句柄，当创建一个对象时，MATLAB 就为其创建一个唯一的句柄。

图形对象从根（root）对象开始，构成层次关系，每一个窗口对象（figure）下可以有 4 种对象：菜单（uimenu）对象、控件（uicontrol）对象、坐标系（axes）对象和右键快捷菜单（uicontextmenu）对象。使用这些对象和句柄即可完成图形窗口操作。

1. 句柄图形对象结构

句柄结构如图 8.22 所示。

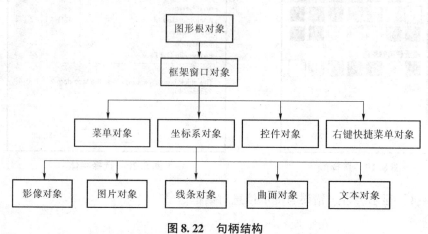

图 8.22 句柄结构

2. 创建图形控件对象

uicontrol（User Interface control）用于创建图形用户界面控件对象，并设置其属性值。
语法格式：

```
handle = uicontrol(当前窗口,属性名,属性值,…)
handle = uicontrol              % 默认 Style 属性值为 pushbutton 对象句柄
uicontrol(uich)                 % 将焦点移动到由 uich 所指示的对象上
```

其中，uicontrol 可以在用户界面窗体上创建各种组件（如按钮、静态文本框、弹出式菜单等），并指定这些组件的回调函数。

说明：如果用户没有指定属性值，则 MATLAB 自动使用默认属性值。uicontrol 默认属性值为 pushbutton（弹出式菜单）。可以在命令窗口中输入 set（uicontrol）命令来查看 uicontrol 的属性和当前图形窗口值。当前图形窗口可以选择图形窗口、面板、按钮组句柄。属性设置可为下列值之一，如表 8-1 所示。

表 8-1 uicontrol 属性说明

属性名	示例	说明
pushbutton	Push Button	释放鼠标按键前，显示为按下状态的按钮
togglebutton	Toggle Button Toggle Button	开关按钮，有状态指示时使用，表示打开或关闭
checkbox	☑ Check Box ☐ Check Box	复选框，可以单选也可以多选

续表

属性名	示例	说明
radiobutton	⦿ Radio Button ◯ Radio Button	单选按钮，实现互斥行为，一般置于按钮组中
edit		可在编辑文本框中输入文本字段，用于人机对话
text	"请输入数字"	静态文本，用于添加标签、提供信息
slider	◂▭▭▸	用户沿水平（或垂直）滑动条移动的"滑块"按钮
listbox	Item 1 Item 2 Item 3	用户可从中选择一项或多项列表，单击列表框时，可展开全部，它与弹出式菜单相似，但弹出式菜单不能展开
popupmenu	Item 1 ▾ Item 1 Item 2 Item 3	弹出式菜单，选择时可展开列表项，关闭时只显示选择项。在要提供互斥选项时，可使用弹出式菜单

在命令行窗口中输入 set(uicontrol)命令可查看 uicontrol 的属性。

例如，在命令行窗口输入：

```
f = figure;
p = uipanel(f,'Position',[0.1 0.1 0.35 0.5]);    %Position[左 底 框 高]表示位置和大小
hpop = uicontrol('Style','popup','String','画方框|画圆|画方圆','Position',[80 10 150 220]);
```

运行后，将出现一个面板和一个弹出式菜单，可以选择"画方框""画圆""画方圆"选项，如图 8.23 所示。

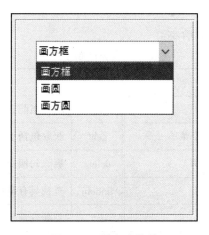

图 8.23　弹出式菜单

【例8-5】使用 uicontrol 创建弹出式菜单,根据选择不同项目,使用回调函数 Callback 进行显示操作说明。

程序命令:

```
function mymenu
f = figure;
h = uicontrol(f,'Style','popupmenu','Position',[20 75 150 120]);
h.String = {'输入参数范围','创建控制菜单','响应菜单选项'};
h.Callback = @selection;
    function selection(src,event)
        val = h.Value;
        str = h.String;
        str{val};
        disp(['您的选择是:' str{val}]);
    end
end
```

运行结果如图8.24所示。

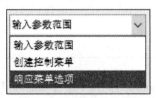

图8.24 弹出式菜单

如果选择最后一项,将在 Command Windows 中显示:

您的选择是:响应菜单选项

8.2.2 创建图形句柄的常用函数

1. 句柄函数

常用的句柄函数如表8-2所示。

表8-2 常用的句柄函数

函数名	说明	函数名	说明
figure	创建一个新的图形对象	gcbo	获得当前正在执行调用的对象的句柄
uimenu	生成中层次菜单与下级子菜单	gcbf	获取包括正在执行调用的对象的图形句柄
gcf	获得当前图形窗口的句柄	delete	删除句柄所对应的图形对象
gca	获得当前坐标轴的句柄	findobj	查找具有某种属性的图形对象
gco	获得当前对象的句柄	isa	判断变量是否为函数句柄

2. 通用函数 get 和 set

所有对象都有属性定义它们的特征，属性可包括对象的位置、颜色、类型、父对象、子对象及其他内容。为了获得和改变句柄图形对象的属性，需要使用通用函数 get 和 set。

1）函数 get 返回某个对象属性的当前值

语法格式：

```
get(对象句柄,'属性名1','属性名2',…)
```

属性名可以为多个，但必须是该对象具有的属性。

例如：

```
p = get(handle,'Position' )      %返回句柄 handle 图形窗口的位置向量
c = get(handle,'color' )         %返回句柄 handle 对象的颜色
```

2）函数 set 改变句柄图形对象属性

语法格式：

```
set(对象句柄,'属性名1','属性值1','属性名2','属性值2',…)
```

例如：

```
set(handle,'Position',p_vect)    %将句柄 handle 的图形位置设为向量 p_vect 所指定的值
```

又如：

```
set(handle,'color','r' )                    %将句柄 handle 对象的颜色设置成红色
set(handle,'color','r','Linewidth',2)       %将句柄 handle 对象的颜色设置成红色、线宽2像素
```

8.3　回调函数

MATLAB 的 Callback 函数称为回调函数，相当于通过函数指针（或地址）调用的函数。它把函数的指针（地址）作为参数传递给另一个函数，当这个指针被调用时，便指向回调函数。回调函数不是直接调用，而是在特定的事件或条件发生时才调用，用于对该事件或条件进行响应。

8.3.1　回调函数格式

回调函数（Callback）是连接程序界面整个程序系统的实质性功能的纽带。当某一事件发生时，应用程序使用回调函数做出响应，并执行某些预定的功能子程序（Callback），GUI 窗口和坐标轴只能被回调函数使用，这是默认值。它为对象被选中时响应的函数，取值为字符串，可以是某个 .m 文件名或一小段 MATLAB 语句，当用户激活某个控件对象时，应用程

序就运行该属性定义的子程序。

语法格式：

```
function varargout = objectTag_Callback(h,eventdata,handles,varargin)
```

其中，objectTag 为回调函数名，它由 GUI 对其自动命名，当在 GUI 上添加一个控件后，就以这个控件的"tag"确定了一个回调函数名。例如，添加一个按钮的 tag 属性是 pushbutton1，就命名了一个 pushbutton1_callback，保存文件时该文件作为子函数保存。当修改了 tag 属性，回调函数名随之改变。在函数内，h 为发生事件的控件句柄；eventdata 为事件数据结构；handles 为传入的对象句柄；varargin 为传递给 Callback 函数的参数列表。

例如，在命令行窗口输入"guide"，按〈Enter〉键，选中一个按钮，右键单击，在弹出的快捷菜单中选择"查看回调"，即可看到"Callback"命令，如图 8.25 所示。

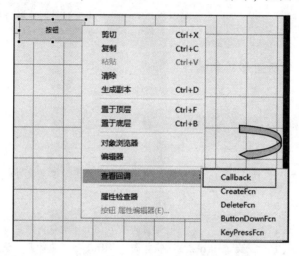

图 8.25 打开"查看回调"

8.3.2 回调函数的使用

回调函数一般在菜单或对话框中采用事件处理机制进行调用，当事件被触发时才执行设置的回调函数，常用的回调函数包括以下几种。

1. 图形对象的回调函数

- ButtonDownFcn：当用户将光标放到某个对象上，单击该对象，即可调用回调函数。
- CreatFcn：在控件对象创建过程中执行的回调函数，一般用于各种属性的初始化，包括初始化样式、颜色、初始值等。
- DeleteFcn：删除对象过程中执行的回调函数。

2. 图形窗口的回调函数

- CloseRequestFcn：当请求关闭图形窗口时，调用回调函数。
- KeyPressFcn：当用户在窗口内使用鼠标时，调用回调函数。

- ResizeFcn：当用户重画图形窗口时，调用回调函数。
- WindowButtonDownFcn：当用户在图形窗口无控件的位置使用鼠标时，调用回调函数。
- WindowButtonUpFcn：当用户在图形窗口释放光标时，调用回调函数。
- WindowButtonMotionFcn：当用户在图形窗口中移动光标时，调用回调函数。

【例8-6】创建一个包含坐标区和普通按钮的图形窗口，单击按钮时，回调函数产生8个随机向量，并绘制火柴棍图。

程序命令：

```
function clickplot
axes1 = axes(figure);
axes1.Units = 'pixels';
axes1.Position = [100 100 300 200]
uicontrol('String','开始画图','Callback',@draw)
    function draw(src,event)
        stem(randn(1,8));
    end
end
```

运行结果如图8.26所示。

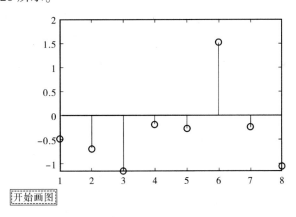

图8.26　回调函数绘制火柴棍图

【例8-7】使用回调函数绘制曲面。

程序命令：

```
f = figure;
h = uicontrol(f,'Style','pushbutton','Position',[20 75 60,40],'string','start',
'Callback',['[x,y] = meshgrid( -8:0.5:8);','z = sin(sqrt(x.^2 +y.^2))./sqrt(x.^2 +
y.^2);','mesh(x,y,z);']);
```

运行结果如图8.27所示。

【例8-8】制作一个带列表、按钮、滑块的界面，当单击按钮时，在计算机声卡中播放一段音乐。通过下拉列表选择不同的歌曲名，将选中的歌名变色并进行播放。滑块用于控制播放的音量，并将值显示在数字框中，如图8.28所示。

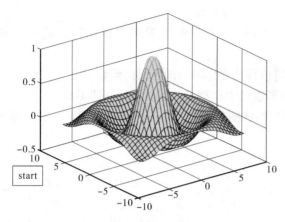

图 8.27 回调函数绘制曲面图

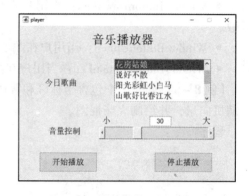

图 8.28 播放器模拟界面案例

步骤如下：

（1）先建立一个静态文本对象，作为界面的标题"音乐播放器"。

（2）在界面中加入 listbox（列表框），使用"属性检查器"中的"string"属性添加歌曲名；在 listbox 对象回调函数 Callback 中，添加程序命令：

```
list = get(handles.listbox1,'value');
  switch list
case 1,
clear sound;
[y,da] = audioread('fly.mp3');        %读入声音文件 fly.mp3
sound(y,da)                           %由声卡播放声音
 case 2,
 clear sound;
 [y,da] = audioread('jin.mp3');       %读入声音文件 jin.mp3
sound(y,da)                           %由声卡播放声音
case 3,
 clear sound;
 [y,da] = audioread('sun.mp3');       %读入声音文件 sun.mp3
sound(y,da)                           %由声卡播放声音
……
end
```

（3）建立一个按钮对象，用于启动播放器。Callback 函数中的代码如下：

```
[y,da] = audioread('fly.mp3');        %读入声音文件 fly.mp3
  sound(y,da);                        %由声卡播放声音
```

其中，y 为音频信号矩阵；da 为采样率，即单位时间的样本个数（Hz），case1 用法默认 da 为 8 192 Hz。

（4）建立一个用于关闭界面的按钮对象。Callback 函数中的代码如下：

```
clear sound;
```

(5) 添加一个滑动条对象,在属性中设置 Max 为 100、Min 为 0。

(6) 在滑条的两端各放置一个静态文本用于显示最大值和最小值。

(7) 滑条对象的 Callback 函数中的代码如下:

```
val = get(handles.slider1,'value');
val = round(val);
set(handles.edit1,'string',num2str(val));
```

(8) 在滑条上方设置一个文本框,用于显示滑块的位置所指示的数值,也可以在文本框中直接输入数值。回调函数 Callback 中的代码如下:

```
str = get(handles.edit1,'string');
set(handles.slider1,'value',str2num(str));      % 在框中输入数字,滑块将移动到相应的位置
```

8.4 控件工具及属性

8.4.1 GUI 控件对象类型及描述

控件对象是事件响应的图形界面对象。MATLAB 中的控件大致可分为两种:一种为动作控件,单击这些控件时,会产生相应的响应,如按钮、列表框等;另一种为静态控件,是一种不产生响应的控件,如文本框、标签等。每种控件都需要设置属性参数,用于表现控件的外形、功能及效果。属性由属性名和属性值两部分组成,它们必须成对出现。

8.4.2 控件对象控制属性

界面设计主要包含两大类对象属性:一类是所有控件对象都具有的公共属性,另一类是控件对象作为图形对象所具有的属性。用户可以在创建控件对象时,设定其属性值,未指定时系统将使用默认值。

1. 公共属性

控件对象的公共属性如表 8-3 所示。

表 8-3 公共属性

属性名	说明
Children	取值为空矩阵,因为控件对象没有自己的子对象
Parent	取值为某个图形窗口,表明控件对象所在的图形窗口句柄
Tag	取值为字符串,定义控件标识值,根据标识值控制控件对象

续表

属性名	说明
Type	取值为 uicontrol，表明图形对象的类型
TooltipString	当指针位于此控件上时，显示提示信息
UserData	取值为空矩阵，用于保存与该控件对象相关的重要数据和信息
Position	控件对象的尺寸和位置
Visible	取值为 on 或 off，表示是否可见

2. 基本控制属性

控件对象的基本控制属性如表 8-4 所示。

表 8-4 基本控制属性

属性名	说明
BackgroundColor	取背景颜色为预定义字符或 RGB 数值；默认值为浅灰色
ForegroundColor	取前景控件对象标题字符颜色为预定义字符或 RGB 数值；默认值为黑色
Enable	取值为 on（默认值）、inactive 和 off
Extend	取值为四元素矢量 [0,0,width,height]，记录控件对象标题字符的位置和尺寸
Max/Min	取值都为数值，默认值分别为 1 和 0
String	取值为字符串矩阵或块数组，定义控件对象标题或选项内容
Style	取值可以是 pushbutton（默认值）、radiobutton、checkbox、edit、text、slider、frame、popupmenu 或 listbox
Units	取值可以是 pixels（默认值）、normalized（相对单位）、inches、centimeters（厘米）或 pound（磅）
Value	取值既可以是矢量，也可以是数值，其含义及解释依赖于控件对象的类型

3. 修饰属性

控件对象的修饰控制属性如表 8-5 所示。

表 8-5 修饰属性

属性名	说明
FontAngle	取值为 normal（正常体，默认值），italic（斜体）
FontName	取值为控件标题等字体的字库名
FontSize	取值为数值，设置字体大小
FontUnits	取值为 points（默认值）、normalized、inches、centimeters 或 pixels
FontWeight	取值为 normal（默认值）、light、demi 和 bold，定义字符的粗细
Rotation	取值为 $0 \sim 2\pi$ 的数值，设置字体旋转角度
HorizontalAligment	取值为 left、center（默认值）或 right，设置控件对象标题等的对齐方式

4. 辅助属性

控件对象的辅助属性如表 8-6 所示。

表 8-6 辅助属性

属性名	说明
ListboxTop	取值为数量值，在列表框中显示最顶层的字符串的索引
SliderStep	取值为两元素矢量 [minstep,maxstep]，用于 slider 控件对象
Selected	取值为 on 或 off（默认值）
SlectionHighlight	取值为 on 或 off（默认值）
Max/Min	取值都为数值，默认值分别为 1 和 0
String	取值为字符串矩阵或块数组，定义控件对象标题或选项内容

例如，设计一个按钮：

```
h = uicontrol(gcf,'Style','pushbutton','Position',[20,30,100,40],'String','开始绘图',
'Foreground','b','Background','y')
```

其中，Position 设置按钮的位置和大小；String 设置按钮上的字体；ForegroundColor 和 BackgroundColor 属性分别设置按钮的前景和背景颜色。也可以在界面上，右键单击控件，在弹出的快捷菜单中选择"属性检查器"，然后在"检查器"窗口直接设置，如图 8.29 所示。

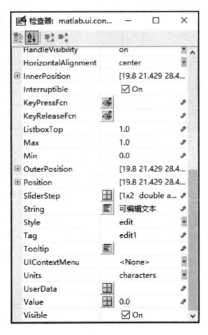

图 8.29 "检查器" 窗口

8.4.3 载入静态图片与动态图片

1. 载入静态图片

要想在 UI 界面上显示静态图片，就需要加入坐标区对象，使用句柄指定对应的坐标区，加入 6.4 节的函数，即读取图形矩阵函数 imread 和图形显示函数 image。

【例 8-9】在图形界面上显示一幅静态图片（p1.jpg）。

步骤如下：

（1）打开图形界面，拖动一个坐标区"axes1"和按钮对象"pushbutton1"对象。

（2）右键单击按钮对象，在弹出的快捷菜单中选择"查看回调"下的"CallBack"，加入代码：

```
function pushbutton1_Callback(hObject,eventdata,handles)
[x,cmap] = imread('p1.jpg');    % 读取图像的数据阵列和色图阵列
image(x);                        % 显示图片
colormap(cmap);                  % 获取颜色阵列
axis image off                   % 保持宽高比不变
```

运行结果如图 8.30 所示。

【例 8-10】在图形界面上显示一张模拟身份证。

步骤如下：

（1）打开图形界面，加入静态文本、编辑框及一个坐标区对象，如图 8.31 所示。

图 8.30 载入图片

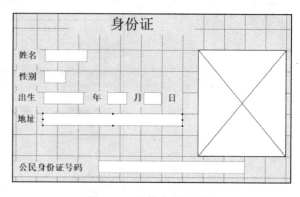

图 8.31 编辑身份证对象

（2）右键单击 axes1，在弹出的菜单中选择"查看回调"下的"CreateFcn"，加入代码：

```
function axes1_CreateFcn(hObject,eventdata,handles)
[x,cmap] = imread('k4.jpg');
image(x);
colormap(cmap);
axisimage off
```

（3）运行结果如图 8.32 所示。

图 8.32　模拟身份证运行结果

2. 载入动态图片

在 UI 界面上显示动画相当于一种逐帧动画的方式，其原理是将静态图片帧连续播放后的效果。

【例 8-11】在 UI 界面上将 5 幅静态图片显示为动画。old1.gif ~ old5.gif 共五幅静态图片，如图 8.33 所示。

图 8.33　五幅静态图片

步骤如下：

（1）打开图形界面，加入静态文本对象 text 用于显示标题、坐标区 axes1 对象用于显示动画、按钮对象 pushbutton1 用于激活显示，修改"String"属性后，如图 8.34 所示。

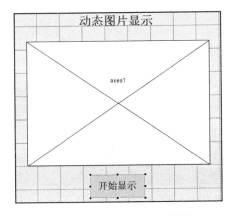

图 8.34　动态图片显示编辑

（2）右键单击按钮对象 pushbutton1，在弹出的菜单中选择"查看回调"，添加程序命令如下：

```
function pushbutton1_Callback(hObject,eventdata,handles)
clear;
for i = 1:5;
c = strcat('old',num2str(i));c = strcat(c,'.gif');
[n,cmap] = imread(c);           %读图像数据和色阵
image(n);colormap(cmap);
m(:,i) = getframe;              %保存画面
end
movie(m,20)
```

⚠ 注意：

old1.gif ~ old5.gif 五幅图片存储在当前目录下。

（3）截取的动画显示效果如图 8.35 所示。

图 8.35 动态图片显示效果

8.5 界面设计案例

【例 8-12】制作一个简易计算器界面。

步骤如下：

（1）在命令行窗口中输入"Guide"，选择空白窗口，添加编辑框、静态文本框、命令按钮，如图 8.36 所示。

（2）使用属性检查器窗口设置控件的属性。

（3）在每个计算按钮的回调函数中添加程序命令：

```
function pushbutton1_Callback(hObject,eventdata,handles)
s1 = str2double(get(handles.edit1,'String'))
s2 = str2double(get(handles.edit2,'String'))
```

```
set(handles.text3,'String',s1 + s2);
function pushbutton2_Callback(hObject,eventdata,handles)
s1 = str2double(get(handles.edit3,'String'))
s2 = str2double(get(handles.edit4,'String'))
set(handles.text5,'String',s1 - s2);
function pushbutton3_Callback(hObject,eventdata,handles)
s1 = str2double(get(handles.edit5,'String'))
s2 = str2double(get(handles.edit6,'String'))
set(handles.text7,'String',s1 * s2);
function pushbutton4_Callback(hObject,eventdata,handles)
s1 = str2double(get(handles.edit7,'String'))
s2 = str2double(get(handles.edit8,'String'))
set(handles.text9,'String',s1 / s2);
```

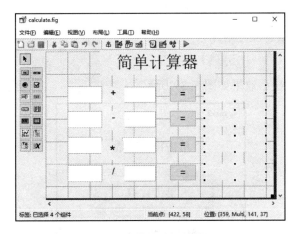

图 8.36　计算器编辑控件界面

（4）运行后，简单计算器页面及效果如图 8.37 所示。

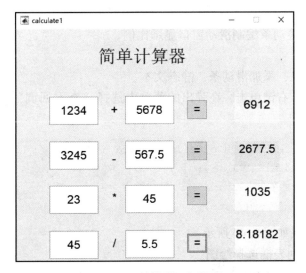

图 8.37　计算器运行界面

图 8.38 计次按钮界面

【例 8-13】使用 "Push Button" 按钮与静态文本框设计 GUI，在窗口中显示单击按钮的次数。

步骤如下：

（1）在命令窗口中输入 "Guide"，选择空白窗口，添加静态文本、按钮和可编辑文本控件。

（2）修改 "String" 属性分别为 "单击按钮计数" "单击计数" 和空字符，将 "FontSize" 设置为 "16"，如图 8.38 所示。

（3）右键单击按钮，在弹出的快捷菜单中选择 "查看回调" 下的 "Callback"，采用 function pushbutton1_Callback(hObject,eventdata,handles) 函数写入程序命令：

```
persistent c
if isempty(c)
    c = 0
end
c = c + 1;
str = sprintf('单击次数:%d',c);
set(handles.edit1,'String',str);
```

（4）运行后，界面显示效果如图 8.39 所示。

图 8.39 计算器结果

【例 8-14】使用滚动条编制滑动窗口显示比例。

步骤如下：

（1）打开空白窗口，添加滑动条、静态文本。

（2）选中滑动条，右键单击，在弹出的菜单中选择 "查看回调" 下的 "Callback"，添加程序命令：

```
function slider1_Callback(hObject,eventdata,handles)
v = get(handles.slider1,'Value');
str = sprintf('显示进度:%.2f',v);
set(handles.text1,'String',str);
```

（3）运行后，结果如图 8.40 所示。

【例 8-15】使用列表框选择绘图。

步骤如下：

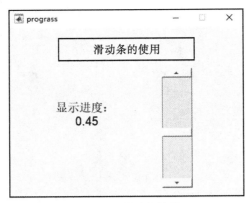

图 8.40 滑动条结果

(1) 打开空白窗口，添加列表框、静态文本和坐标轴。

(2) 在列表框的"String"属性中添加列表选项，如图 8.41 所示。

图 8.41 String 属性

(3) 右键单击列表框，在弹出的菜单中选择"查看回调"中的"Callback"，添加程序命令：

```
function listbox1_Callback(hObject,eventdata,handles)
v = get(handles.listbox1,'value');
switch v
 case 1,
     x = 0:0.1:2 * pi;
     y = sin(x);
     plot(x,y,'r-O')
 case 2,
     t = -10 * pi:pi/250:10 * pi;
comet3((cos(2 * t).^2).* sin(t),(sin(2 * t).^2).* cos(t),t);
 case 3,
     [x,y] = meshgrid( -8:0.5:8);
     z = sin(sqrt(x.^2 + y.^2))./sqrt(x.^2 + y.^2 + eps);
     surf(x,y,z);
case 4,
    sphere(30)
case 5,
    t = 0:pi/10:2 * pi;
    [X,Y,Z] = cylinder(2 +(cos(t)).^2);
```

```
            surf(X,Y,Z);
            axis square
        case 6,
            t1 = 0:0.1:0.9;
            t2 = 1:0.1:2;
            r = [t1 - t2 + 2];
            [x,y,z] = cylinder(r,30);
            surf(x,y,z);
    end
```

(4) 运行后，结果如图 8.42 所示。

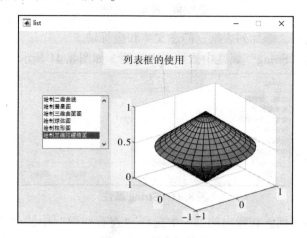

图 8.42　列表框结果

【例 8-16】编写一个绘制不同图形的界面窗口，如图 8.43 所示。

步骤如下：

(1) 打开空白窗口，添加面板控件，修改字体和背景属性，在面板上添加三个按钮 pushbutton1、pushbutton2 和 pushbutton3，分别修改 "String" 属性为 "绘制方框" "绘制圆形" 和 "绘制方圆"，再添加三个坐标轴控件 axes1、axes2 和 axes3，如图 8.44 所示。

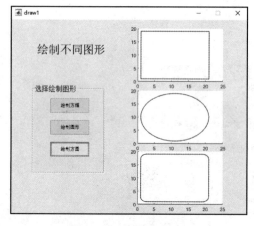

图 8.43　绘制图形窗口

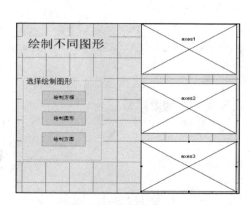

图 8.44　图形编辑窗口

（2）分别右击这三个按钮，在弹出的菜单中选择"查看回调"中的"Callback"，分别添加程序命令：

```
function pushbutton1_Callback(hObject,eventdata,handles)
axes(handles.axes1)                                         %指定坐标axes1
rectangle('Position',[1,1,20,18])                           %画方框
function pushbutton2_Callback(hObject,eventdata,handles)
axes(handles.axes2)                                         %指定坐标axes2
rectangle('Position',[1,1,20,18],'Curvature',[1,1])         %画圆
function pushbutton3_Callback(hObject,eventdata,handles)
axes(handles.axes3)                                         %指定坐标axes3
rectangle('Position',[1,1,20,18],'Curvature',[0.3])         %画方圆
```

【例8-17】编写一个学习课外资料调查问卷界面，并显示提交信息。

步骤如下：

（1）打开空白窗口，添加静态文本、编辑框、单选框、复选框和面板控件。

（2）在列表框的"String"属性中添加选项内容，如图8.45所示。

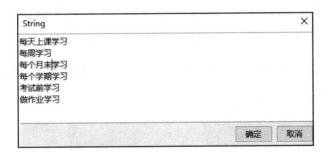

图8.45 选择菜单数组

（3）在"姓名"编辑框的回调函数中添加程序命令：

```
function edit1_Callback(hObject,eventdata,handles)
name1 = get(handles.edit1,'String')
set(handles.text14,'String',name1);
```

（4）在"性别"单选编辑框的回调函数中添加程序命令：

```
function radiobutton1_Callback(hObject,eventdata,handles)
set(handles.radiobutton2,'value',0)
sex1 = get(handles.radiobutton1,'String')
set(handles.text15,'String',sex1);
function radiobutton2_Callback(hObject,eventdata,handles)
set(handles.radiobutton1,'value',0)
sex2 = get(handles.radiobutton2,'String')
set(handles.text15,'String',sex2);
```

(5) 在"学者类型"单选编辑框的回调函数中添加程序命令：

```
function radiobutton3_Callback(hObject,eventdata,handles)
set(handles.radiobutton4,'value',0)
chk1 = get(handles.radiobutton3,'String')
set(handles.text16,'String',chk1);
function radiobutton4_Callback(hObject,eventdata,handles)
set(handles.radiobutton4,'value',0)
chk2 = get(handles.radiobutton4,'String')
set(handles.text16,'String',chk2);
...
```

(6) 在"获取资料途径"复选编辑框的回调函数中添加程序命令：

```
function checkbox1_Callback(hObject,eventdata,handles)
h1 = get(handles.checkbox1,'String')
set(handles.text17,'String',h1);
function checkbox2_Callback(hObject,eventdata,handles)
h2 = get(handles.checkbox2,'String')
set(handles.text17,'String',h2);
...
```

(7) 在"坚持时间"弹出式菜单编辑框的回调函数中添加程序命令：

```
function popupmenu1_Callback(hObject,eventdata,handles)
v = get(handles.popupmenu1,'value');
switch v
    case 1,
        set(handles.text18,'String','每天上课学习');
    case 2,
        set(handles.text18,'String','每周不定时');
    case 3,
        set(handles.text18,'String','每月末学习');
    case 4,
        set(handles.profession,'String','每学期学习');
    case 5,
        set(handles.profession,'String','考试前突击');
    case 6,
        set(handles.profession,'String','作业前用');
    end
```

(8) 运行后，结果如图 8.46 所示。

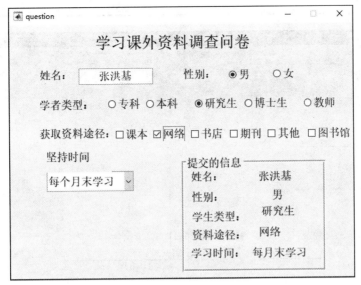

图 8.46　调查问卷运行结果

8.6　App 的应用

8.6.1　App 设计工具

MATLAB R2018b 提供的 App 设计工具用于创建界面布局，设计完成后，可使用 MATLAB 编辑器来定义 App 的行为。App 设计工具是自包含在 MATLAB 中的程序，包含用于数据可视化或交互式数据探查的绘图工具，还能将已完成的界面迁移在 App 设计工具中，为代码提供一个简单交互式接口。App 工具箱有菜单、文本框、单选框、复选框、按钮和滑动窗口等交互式控件，还包括标尺、指示灯、旋钮和开关等，能复制仪表板的外观和操作，还可以使用选项卡和面板容器组件组织用户界面。通过这些控件来执行特定的指令，从而实现人机交互。

App 设计工具集成了构建布置可视化组件和设定 App 行为的功能，用户只需将可视化组件拖放到设计画布中，系统自动生成面向对象的代码，可用于指定 App 的布局和设计。最后，将 App 打包并与其他 MATLAB 用户共享，或使用编译器为独立应用程序分发给其他用户。此外，还可以创建 Web App 界面。

8.6.2　App 交互常用组件及属性

创建 App 界面的组件库分为常用、容器、图窗工具和仪器组件。单击"新建"菜单中的"App"或在命令行窗口中输入"appdesigner"，即可启动 App 设计界面，拖动左侧的元件库（如坐标区、日期选择器和按钮组）到中间编辑框，如图 8.47 所示。

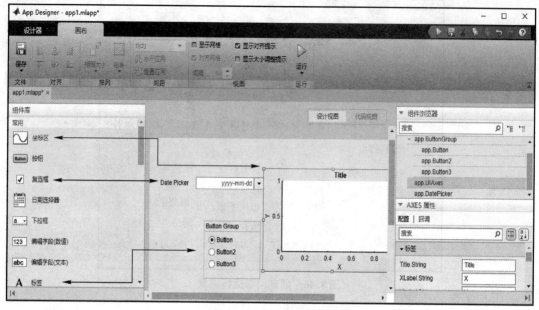

图 8.47 App 编辑界面

1. 常用组件

常用组件有 17 项，如表 8-7 所示。

表 8-7 常用组件

组件名称	说明	组件名称	说明
app. UIAxes	创建 UI 绘图坐标区	app. Button Group	创建单选按钮组
app. Button	创建按钮	app. Slider	创建滑块
app. CheckBox	创建复选框	app. Spinner	创建微调器
app. DatePicker	创建日期	app. Button 2	创建状态按钮
app. DropDown	创建下拉框	app. Table	创建表
app. EditField	创建数值编辑框	app. Text Area	创建文本区域
app. EditField 2	创建文本编辑框	app. ButtonGroup 2	创建切换按钮
app. Label	创建标签	app. Tree	创建树
app. ListBox	创建列表框		

2. 容器组件

容器组件包括面板和选项卡组，如表 8-8 所示。

表 8-8 容器组件

组件名称	说明
app. Panel	创建面板
app. TabGroup	创建选项卡组

3. 图窗工具组件

图窗工具组件只有 1 项菜单，如表 8-9 所示。

表 8-9 图窗工具组件

组件名称	说明
app. Menu	创建菜单

4. 仪器组件

仪器组件共有 10 项，如图 8.48 所示，其名称如表 8-10 所示。

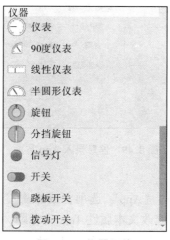

图 8.48 仪器组件

表 8-10 仪器组件

组件名称	说明	组件名称	说明
app. Gauge	创建圆形仪表	app. Knob 2	创建分挡旋钮
app. Gauge2	创建 90 度仪表	app. Lamp	创建信号灯
app. Gauge 3	创建线性仪表	app. Switch	创建开关
app. Gauge4	创建半圆形仪表	app. Switch 2	创建踏板开关
app. Knob	创建圆形旋钮	app. Switch 3	创建拨动开关

5. 说明

所有组件都设有属性、事件，根据界面交互的需要，设定属性值与特定的回调函数。其中，每个属性对应于一项特定的用户操作。

8.6.3 创建 App 界面案例

【例 8-18】创建一个 "用户信息录入" App，并能回显提交部分的数据，如图 8.49 所示。

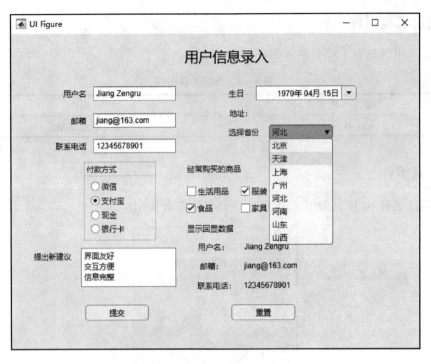

图 8.49 信息录入 App 界面

步骤如下：

(1) 单击"新建"菜单中的"App"选项，或在命令行中输入"appdesigner"，打开 App 设计界面，拖动标签组件，修改文本属性 Text 为标题，并设置字体大小为 22 号。

(2) 添加 3 个文本编辑框 app.EditField、app.EditField_1 和 app.EditField_2，并修改标签为"用户名""邮箱"和"联系电话"，再添加日期框并修改标签为"生日"，添加"地址"下拉框，并修改右侧的属性设置，输入省份，可根据"+"添加列表项，如图 8.50 所示。

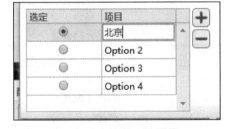

图 8.50 添加列表项数据

(3) 添加单选按钮组为"付款方式"、复选框为"经常购买的商品"、文本区域为"提出新建议"；再添加 3 个标签组件 app.Label_11、app.Label_13 和 app.Label_15 用于显示提交的数据；最后添加两个按钮 app.Button2 和 app.Button4，并修改 Text 属性为"提交"和"重置"。

(4) 选中 app.Button2 提交按钮，在右侧"回调"中输入回调程序命令：

```
function Button2Pushed(app,event)              % 提交按钮回调函数
    name1 = get(app.EditField,'value');        % 获取用户名编辑框 app.EditField
                                               %  数据
    app.Label_11.Text = name1;                 % 放入回显标签 app.Label_11
    email = get(app.EditField_1,'value');      % 获取邮箱编辑框 app.EditField_1
                                               %  数据
    app.Label_13.Text = email;                 % 放入回显标签 app.Label_13
```

```
            adress = get(app.EditField_2,'value');       % 获取地址编辑框 app.EditField_2
                                                           数据
            app.Label_15.Text = address                  % 放入回显标签 app.Label_15
end
```

【例 8-19】 创建一个模拟工作操作台界面，要求滑块到达 80% 时，显示提示信息并让信号灯显示为红色。根据选择频率和设定的偏移量绘制正弦曲线，设选择频率是 x，则 $y = \sin(fx) + x1$，其中 $x1$ 为设置的偏移量，如图 8.51 所示。

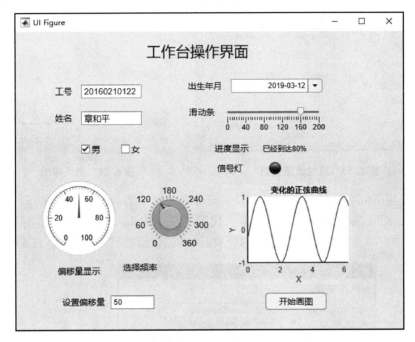

图 8.51　模拟操作台界面

步骤如下：

（1）单击"新建"菜单中的"App"，或在命令行中输入"appdesigner"，启动 App 设计工具，打开窗口即可建立名字为 app.mlapp 的图形用户界面文件，可将可视化组件拖放到设计画布中，然后使用"对齐"功能来调整布局，在 App Designer 画布中添加 1 个标题标签、2 个文本编辑框和 1 个日期选择组件，如图 8.52 所示。

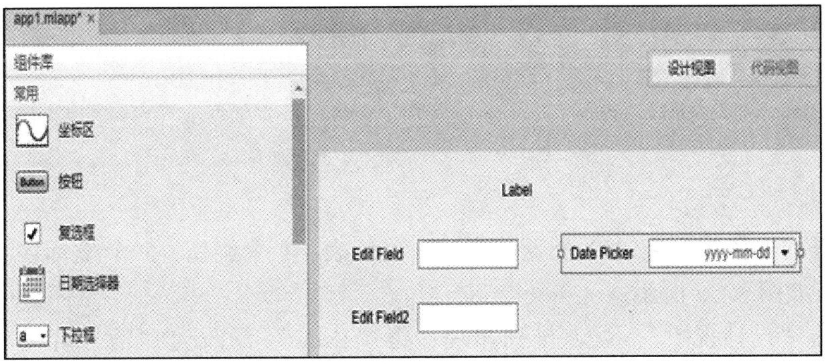

图 8.52　编辑模拟操作台 App 界面

(2) 在右侧标签属性框中，修改标签文字大小（FontSize）及显示的文字"工作台操作界面"，如图 8.53 所示。

(3) 将滑块组件从组件库拖放到画布合适的区域，双击标签，将"Slider"改为"滑动条"。选中滑块，在属性中修改 limits 值，范围为 0 ~ 200，如图 8.54 所示。

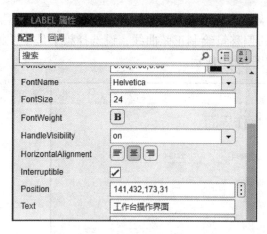

图 8.53　属性设置界面　　　　　　图 8.54　滑块编辑

(4) 在滑块下依次拖动 2 个标签、1 个信号灯，选中滑块，在右下角属性中选择"回调"，在"ValueChangedFcn"文本框中输入代码"SliderValueChanged"，单击右侧的按钮即可添加代码，如图 8.55 所示。每当用户移动滑块时，该函数都会执行 MATLAB 命令。

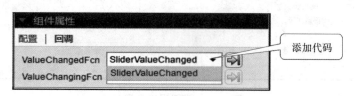

图 8.55　滑块编辑

(5) 在滑块回调函数中添加代码。当滑块值达到满刻度的 80% 时，在界面的标签（app.Label_12）中显示"已经到达 80%"，同时，将信号灯（app.Lamp）点亮。

程序命令：

```
function SliderValueChanged(app,event)
    value = app.Slider.Value;           %取滑动条值
    if value = =160                     %满足给定条件
    app.Label_12.Text ='已经到达80%';    %标签显示
    app.Lamp.Color ='red'               %信号灯变红色
    end
end
```

(6) 在界面上依次再拖动 2 个复选框、1 个仪表、1 个旋钮、1 个坐标区、1 个文本框和 1 个按钮，如图 8.56 所示。

(7) 单击"设计视图"，编辑排列布局；将"Lamp"修改为"信号灯"、将"Label1"修改为"进度显示"、将"Gauge"修改为"偏移量显示"、将"Knob"修改为"选择频

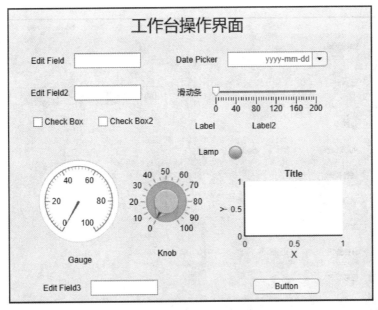

图8.56 模拟工作台 App 编辑界面

率"、将 "Edit Field3" 修改为 "设置偏移量",将 "Button" 修改为 "开始画图";最后,选中按钮,在代码视图中添加回调函数:

```
function ButtonPushed(app,event)
        f = app.Knob.Value;                              %取旋钮的值
        theta = f/180 * pi;                              %转换成弧度
        x = linspace(0,2 * pi,60);                       %构建横坐标
        app.Gauge.Value = str2num(app.EditField_3.Value);%取设置偏移量
        x1 = app.Gauge.Value;                            %取偏移量
        y = sin(theta * x + x1);                         %求正弦输出
        plot(app.UIAxes,x,y,'LineWidth',0.2);            %绘图
    end
end
```

说明:

要想将回调函数与一个 UI 组件关联,就要将该组件的一个回调属性的值设为对该回调函数的引用。在坐标区画图时,必须指定函数句柄;函数句柄提供了一种以变量表示函数的方法。函数必须是与 App 代码处于同一文件内的局部(或嵌套)函数,也可以将其写入置于 MATLAB 路径的单独文件。

(8) 选择界面 "BackGroundColor" 属性,修改背景颜色为黄色,最后单击 ▶ 运行,以保存并运行 App。若已保存更改,则再次运行该 App 时,可通过在 MATLAB 命令提示符下输入其名称(不带 .mlapp 扩展名)来运行。

【例 8-20】 设计一个仪表页面,模拟稳压电源。

步骤如下:

(1) 单击 "新建" 菜单中的 "App",打开设计界面,先拖动一个选项卡到窗口,如图 8.57 所示。

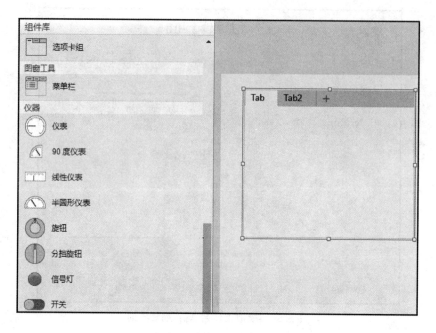

图 8.57 添加列表项数据

（2）拖动左侧的仪器组件中的 90 度仪表、半圆形仪表、线性仪表、旋钮、分挡旋钮、开关和信号灯（3 个）到窗口并进行合理布局，再分别修改标签"Text"属性为各仪表的名称，如图 8.58 所示。

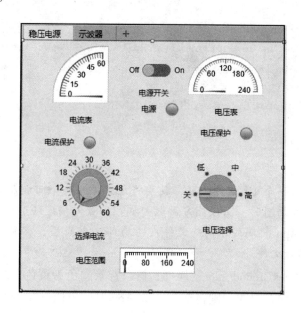

图 8.58 稳压电压 App 编辑界面

（3）选中"开关"组件，在右下侧单击"回调"菜单，加入程序命令，拨动开关使开关灯点亮。

程序命令：

```
Callback function:Switch,Tab
        function TabSizeChanged(app,event)
           app.Lamp_3.Color ='red';
        end
```

(4) 选中"旋钮"组件，在"回调"中添加程序命令。根据旋钮（app.Knob）的位置改变"电流表"90 度仪表（app.Gauge_2）的指针值，并在电流超过 30 时将"电流保护"信号灯（app.Lamp）点亮。

程序命令：

```
value = app.Knob.Value;              % 取旋钮(app.Knob)
app.Gauge_2.Value = value            % 根据旋钮值改变电压表(app.Gauge_2)的值
    if value >=30                    % 满足电流表大于等于 30 的条件
        app.Lamp.Color ='red'        % 信号灯为红色
        else
        app.Lamp.Color ='green'      % 恢复信号灯为绿色
    end
```

(5) 继续在"旋钮"组件的"回调"中加入程序命令。根据"电压选择"分挡旋钮（app.Knob-2）值，改变"电压表"半圆形仪表（app.Gauge）指针值和"电压范围"线性仪表（app.Gauge_3）指针值，在分挡旋钮达到"高"时，"电压保护"灯（app.Lamp_2）点亮。

程序命令：

```
% Value changed function:Knob,Knob_2
function KnobValueChanged(app,event)
    value1 = app.Knob_2.Value;       % 取分挡旋钮值
    if value1 =='低'
            app.Lamp_2.Color ='green'
        app.Gauge.Value =80
        app.Gauge_3.Value =80
    elseif value1 = ='中'
        app.Gauge.Value =160
        app.Gauge_3.Value =160
    elseif value1 = ='高'
        app.Gauge.Value =240
        app.Gauge_3.Value =240
        app.Lamp_2.Color ='red'
        else
        app.Gauge.Value =0
        app.Gauge_3.Value =0
        app.Lamp_2.Color ='green'
    end
end
```

(6) 运行结果如图 8.59 所示。

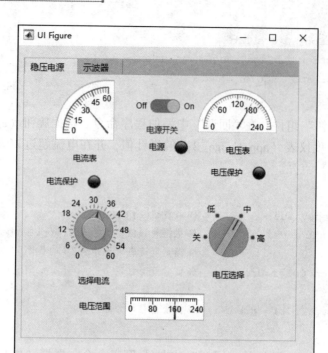

图 8.59 稳压电源 App 运行界面

8.7 菜单设计

菜单可以对各种命令按功能进行分类，MATLAB 的菜单分为下拉式和弹出式。创建菜单时，需要先建立窗口，再设置各个菜单属性值，最后编写每个菜单的事件过程。

8.7.1 弹出式菜单

在 MATLAB GUI 设计中，可以从左侧的工具栏创建弹出式菜单。单击"guide"按钮，打开界面编辑窗口，选择"Blank GUI"，拖动弹出式菜单即可。

1. 菜单的编辑

（1）从绘图工具中拖动"弹出式菜单"到界面中，右键单击，在弹出的快捷菜单中选择"属性检查器"，"Tag"右侧内容为该弹出式菜单的名字，初始值为"popumenu1"，如图 8.60 所示。

（2）单击"String"右侧的按钮，打开编辑器，输入弹出式菜单内容，如图 8.61 所示。

（3）单击工具栏的"运行"按钮，即可保存并运行该弹出式菜单，如图 8.62 所示。

2. 菜单的调用

语法格式：

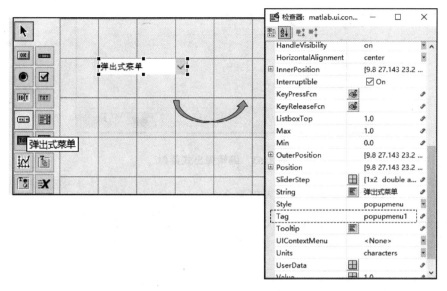

图 8.60　编辑弹出式菜单

图 8.61　编辑弹出式菜单

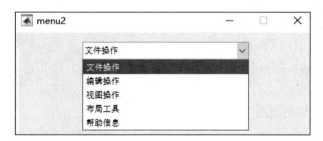

图 8.62　弹出式菜单运行结果

```
get(handles.popumenu1,'value')    %handles 是句柄,popumenu1 为菜单名称
```

该命令可得到弹出式菜单顺序值，弹出式菜单如同一个"数组"，选择的顺序为函数返回"数组"中所在的位置（1、2、3、…、n）。该操作不是直接读取 String 里的值，而是通过获取元素所在弹出式菜单中的位置来读出数组中的实际值。

【例 8-21】建立一个绘制多种图形的弹出式菜单，并实现调用功能。

步骤如下：

（1）设计 GUI 界面，添加 1 个静态文本、1 个弹出式菜单和 1 个坐标轴。

（2）在弹出式菜单的属性检查器下，选择"String"编辑菜单，如图 8.63 所示。

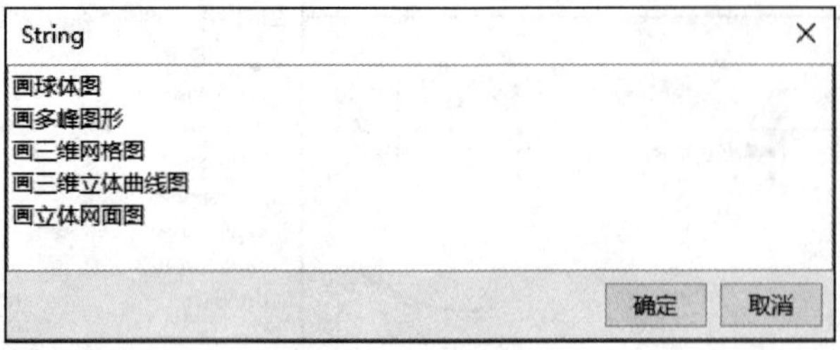

图 8.63　编辑弹出式菜单

(3) 在弹出式菜单回调函数中输入程序命令：

```
function popupmenu1_Callback(hObject,eventdata,handles)
Num = get(handles.popupmenu1,'value');
axes(handles.axes1)
switch Num
case 1
    sphere(30)
    case 2
    peaks(30)
    case 3
  x = 0:0.1:2 * pi;
    [x,y] = meshgrid(x);
    z = sin(y). * cos(x);mesh(x,y,z);
    case 4
    t = 0:pi/50:10 * pi;
    plot3(sin(t),cos(t),t)
    case 5
    x = 1:0.1:5;[X,Y] = meshgrid(x);
    Z = (X + Y).^2;surf(X,Y,Z);
    end
```

(4) 选择"画立体网面图"，运行效果如图 8.64 所示。

8.7.2　下拉式菜单

1. 使用 App 创建菜单方法

【例 8 - 22】使用 App 工具编辑菜单并完成调用。
步骤如下：

(1) 单击"新建"菜单中的"App"，打开 App 设计界面，选择左侧"图窗工具"的"菜单栏"，将其拖动到编辑界面，修改"Menu"右下角的属性"Text"为添加的菜单项，单击" + "可添加同级别（或下拉）菜单项，如图 8.65 所示。

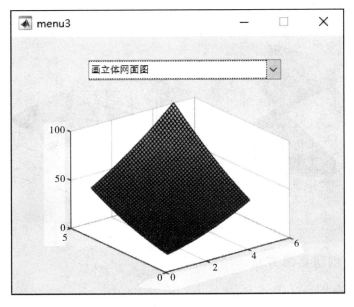

图 8.64 弹出式菜单完成调用

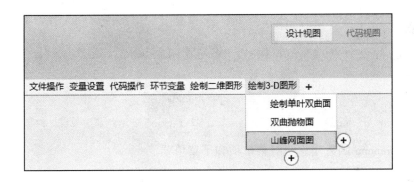

图 8.65 下拉式菜单编辑

(2) 选中菜单项，单击"回调"按钮，打开回调函数编辑框，选中"绘制单叶双曲面"和"山峰网面图"的回调函数，输入程序命令：

```
function Menu_8Selected(app,event)
ezsurf('4*sec(u)*cos(v)','2.*sec(u)*sin(v)','3.*tan(u)',[-pi./2,pi./2,0,2*pi]);
    axis equal;grid on;xlabel('x 轴');
    ylabel('y 轴');
    zlabel('z 轴');title('单叶双曲面');
end
function Menu_10Selected(app,event)
        peaks;
        title('山峰曲面图');
    end
```

(3) 根据菜单项内容继续输入程序命令，即可完成实时调用，选择绘制"绘制单叶双曲面"和"山峰网面图"的结果如图8.66所示。

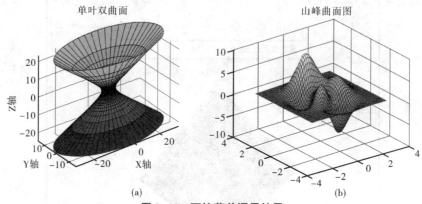

(a)   (b)

图8.66 下拉菜单调用结果

2. 使用命令创建菜单方法

（1）建立figure图形窗口。

有以下几种方法：

①输入"figure"，创建一个图形窗口，所有参数采用默认。

②使用figure(s)函数。其中，s为参数，当s为数据时，应为大于0的数据，数字代表第几幅图形。

③使用figure('属性名',属性值)函数。

例如：

```
figure('name','样例')          %创建一个标题名为"样例"的窗口
figure('menubar','none')       %建立menubar属性,none表示隐藏图形窗口的标准菜单窗口
```

（2）使用uimenu函数建立一级菜单项和子菜单项。

语法格式：

```
一级菜单项句柄 = uimenu(图形窗口句柄,属性名1,属性值1,属性名2,属性值2,…)
```

（3）建立子菜单项的函数。

语法格式：

```
子菜单项句柄 = uimenu(一级菜单项句柄,属性名1,属性值1,属性名2,属性值2,…)
```

菜单（uimenu）以figure图形窗口对象作为"父"对象。

MATLAB通过对属性的操作来改变图形窗口的形式，使用句柄来操作窗口。例如：

```
figure('name','样例','position',[200,300,400,500])   %创建一个标题名为"样例"的窗口,位
                                                      置在左下角坐标(200,300),宽400,
                                                      高500
close(窗口句柄)                                       %关闭图形窗口
```

【例8-23】使用下拉菜单调用不同函数，绘制二维和三维图形。

（1）编写程序并保存为menu2.m。

程序命令：

```
figure('menubar','none')
h1 = uimenu(gcf,'label','画平面图');                          %定义一级菜单
hm1 = uimenu(h1,'label','画出正弦曲线','callback',['cla;','plot(sin(0:0.01:2*pi));'])
hm1 = uimenu(h1,'label','画出圆','callback',['cla;','ezplot("sin(x)","cos(y)",[-4*pi,4*pi]);'])
h2 = uimenu(gcf,'label','画三维图');                          %定义一级菜单
hm2 = uimenu(h2,'label','画 n =30 的球','callback',['cla;','sphere(30);'])
hm3 = uimenu(h2,'label','画个山峰网面图','callback',['cla;','peaks(30);'])
h3 = uimenu(gcf,'label','画立体图');                          %定义一级菜单
hm4 = uimenu(h3,'label','单叶双曲面','callback',['cla;','p'])  %p 代表函数文件
hm4 = uimenu(h3,'label','双曲抛物面','callback',['cla;','p1']) %p1 代表函数文件
%p.m 文件
function p()
    ezsurf('4*sec(u)*cos(v)','2.*sec(u)*sin(v)','3.*tan(u)',[-pi./2,pi./2,0,2*pi]);
    axis equal;grid on;xlabel('x 轴');
ylabel('y 轴');
zlabel('z 轴');title('单叶双曲面');
end
%p1.m 文件
function p1()
[X,Y] = meshgrid(-7:0.1:7);
Z = X.^2./9. + Y.^2./6;
meshc(X,Y,Z);view(85,20)
axis('square');xlabel('x 轴');ylabel('y 轴');
zlabel('z 轴');title('双曲抛物面')
end
```

（2）运行菜单，调用"曲面抛物图"效果如图 8.67 所示。

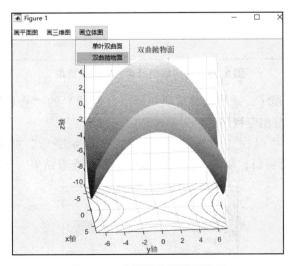

图 8.67　曲面抛物图调用效果

3. 使用菜单编辑器设计下拉菜单

（1）在命令行窗口输入"guide"，选择"Blank GUI"，单击 GUI 界面的工具栏"菜单编辑器"，如图 8.68 所示。

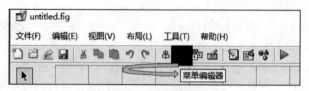

图 8.68　选择菜单编辑器

（2）打开"菜单编辑器"对话框，单击"新建菜单"按钮，在"菜单属性"标签中输入菜单名称，建立一级菜单；在一级菜单下单击"建立子菜单"选项，则建立二级菜单；在二级菜单下单击该按钮，则建立三级菜单；以此类推；若在一级菜单"文件操作"下建立多个二级菜单，则选择该一级菜单，单击"建立子菜单"选项，如图 8.69 所示。

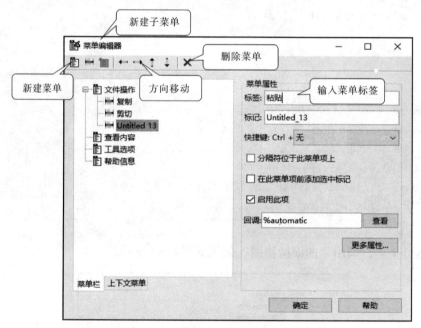

图 8.69　利用编辑器建立弹出式菜单

（3）编写调用菜单程序。选择该菜单项并单击"回调"的"查看"按钮，即保存并进入回调函数编辑窗口编写相应程序。

（4）添加快捷键。可以在"快捷键"下添加"Ctrl + 字母"的组合键，完成后单击"确定"按钮，返回图形窗口，单击"运行"按钮，即可查看结果，如图 8.70 所示。

图 8.70　编辑器菜单结果

8.7.3 快捷菜单

快捷菜单是右键单击某对象后弹出的菜单，该菜单出现的位置不固定，且总和某个图形对象相联系。在 MATLAB 中，可以使用以下三种方法建立快捷菜单：

（1）可以利用 uicontextmenu 函数和图形对象的 UIContextMenu 属性建立快捷菜单。
语法格式：

```
hc = uicontextmenu              % 建立快捷菜单,并将句柄值赋给变量 hc
```

（2）可以利用 uimenu 函数为快捷菜单建立菜单项。
语法格式：

```
uimenu('快捷菜单名',属性名,属性值,…)    % 为创建的快捷菜单赋值,其中属性名和属性值构成
                                       属性二元对象
```

（3）可以利用 set 函数将该快捷菜单和某图形对象联系起来，完成菜单的实时调用。

【例 8-24】使用 uicontextmenu 函数，编写快捷菜单。
程序命令：

```
hl = plot(x,y);
hc = uicontextmenu;
hls = uimenu(hc,'Label','线型');
hlw = uimenu(hc,'Label','线宽');
uimenu(hls,'Label','虚线','CallBack','set(hl,"LineStyle",":");');
uimenu(hls,'Label','实线','CallBack','set(hl,"LineStyle","-");');
uimenu(hlw,'Label','加粗','CallBack','set(hl,"LineWidth",2);');
uimenu(hlw,'Label','变细','CallBack','set(hl,"LineWidth",0.5);');
set(hl,'uicontextmenu',hc);       % 将快捷菜单和曲线连接
```

单击"运行"按钮，即可绘制图形，右键单击该图形，可通过弹出的快捷菜单改变线型和线宽，如图 8.71 所示。

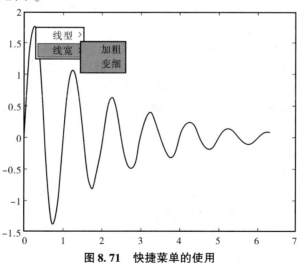

图 8.71 快捷菜单的使用

8.8 对话框设计

8.8.1 对话框操作

1. 对话框组件

对话框的常用组件如表 8-11 所示。

表 8-11 对话框的常用组件

事件名称	适用的组件
uialert	创建警告对话框
uiconfirm	创建确认对话框
uiprogressdlg	创建进度对话框
uisetcolor	打开颜色选择器
uigetfile	打开文件选择对话框
uiputfile	打开用于保存文件的对话框
uigetdir	打开文件夹选择对话框
uiopen	打开文件对话框并将选定的文件加载到工作区中
uisave	打开用于将变量保存到 MAT 文件的对话框

2. 对话框的编辑

打开对话框的函数为 uigetfile,其调用格式有以下几种:
- uigetfile:弹出文件打开对话框,列出当前文件夹下的所有 .m 文件。
- uigetfile('FilterSpec'):弹出文件打开对话框,列出当前文件夹下的所有由 FilterSpec 指定类型的文件。
- uigetfile('FilterSpec','DialogTitle'):同时设置文件打开对话框的标题 DialogTitle。
- uigetfile('FilterSpec','DialogTitle',x,y):x、y 参数用于确定文件打开对话框的位置。
- [fname,pname] = uigetfile(…):返回打开文件的文件名和路径。

例如,打开一个 .m 文件,获得文件名和路径。
程序命令:

```
[filename,pathname] = uigetfile('*.m','Pick an M-file');
if isequal(filename,0)
disp('用户选择终止')
else
disp(['用户选择',fullfile(pathname,filename)])
end
```

3. 对话框颜色设置

对话框对象颜色的交互式设置，函数为 uisetcolor。

语法格式：

```
c = uisetcolor('hcolor,'DialogTitle')    % 输入参数 hcolor 可以是一个图形对象的句柄，
                                         也可以是一个三色 RGB 矢量,DialogTitle 为
                                         颜色设置对话框的标题
```

4. 字体设置对话框

对话框字体属性的交互式设置函数为 uisetfont，其调用格式有以下几种：

- uisetfont：打开字体设置对话框，返回所选择字体的属性。
- uisetfont(h)：h 为图形对象句柄，使用字体设置对话框重新设置该对象的字体属性。
- uisetfont(S)：S 为字体属性结构变量，S 中包含的属性有 FontName、FontUnits、FontSize、FontWeight、FontAngle，返回重新设置的属性值。
- uisetfont(h,'DialogTitle')：h 为图形对象句柄，使用字体设置对话框重新设置该对象的字体属性；DialogTitle 设置对话框的标题。
- uisetfont(S,'DialogTitle')：S 为字体属性结构变量，S 中包含的属性有 FontName、FontUnits、FontSize、FontWeight、FontAngle，返回重新设置的属性值，DialogTitle 设置对话框的标题。
- S = uisetfont(…)：返回字体属性值，保存在结构变量 S 中。

5. 保存对话框

保存对话框的函数为 uiputfile，其调用格式有以下几种：

- uiputfile：弹出文件保存对话框，列出当前文件夹下的所有 MATLAB 文件。
- uiputfile('InitFile')：弹出文件保存对话框，列出当前文件夹下的所有由 InitFile 指定类型的文件。
- uiputfile('InitFile','DialogTitle')：同时设置文件保存对话框的标题为 DialogTitle。
- uiputfile('InitFile','DialogTitle',x,y)：x、y 参数用于确定文件保存对话框的位置。
- [fname,pname] = uiputfile(…)：返回保存文件的文件名和路径。

6. 打印 / 预览对话框

1）预览对话框

预览对话框的函数为 printpreview，调用格式有以下几种：

- printpreview：对当前图形窗口进行打印预览。
- printpreview(f)：对以 f 为句柄的图形窗口进行打印预览。

2）打印对话框

打印对话框为 Windows 标准对话框，调用函数为 printdlg，有以下几种格式：

- printdlg：对当前图形窗口打开 Windows 打印对话框。
- printdlg(fig)：对以 fig 为句柄的图形窗口打开 Windows 打印对话框。
- printdlg('-crossplatform',fig)：打开 crossplatform 模式的 MATLAB 打印对话框。
- printdlg(-'setup',fig)：在打印设置模式下，强制打开打印对话框。

8.8.2 专用对话框

MATLAB 除了使用公共对话框外,还提供了一些专用对话框,如错误信息对话框、帮助对话框等。

1. 错误信息对话框

错误信息对话框用于提示错误信息,函数为 errordlg,其调用格式有以下几种:
- errordlg:打开默认的错误信息对话框。
- errordlg('errorstring'):打开显示 errorstring 信息的错误信息对话框。
- errordlg('errorstring','dlgname'):打开显示 errorstring 信息的错误信息对话框,对话框的标题由 dlgname 指定。
- erordlg('errorstring','dlgname','on'):打开显示 errorstring 信息的错误信息对话框,对话框的标题由 dlgname 指定。如果对话框已存在,on 参数将使对话框显示在最前端。
- h = errodlg(…):返回对话框句柄。

2. 帮助对话框

帮助对话框用于提示帮助信息,函数为 helpdlg,其调用格式有以下几种:
- helpdlg:打开默认的帮助对话框。
- helpdlg('helpstring'):打开显示 errorstring 信息的帮助对话框。
- helpdlg('helpstring','dlgname'):打开显示 errorstring 信息的帮助对话框,对话框的标题由 dlgname 指定。
- h = helpdlg(…):返回对话框句柄。

3. 输入对话框

输入对话框用于输入信息,函数为 inputdlg,其调用格式有以下几种:
- answer = inputdlg(prompt):打开输入对话框,prompt 为单元数组,用于定义输入数据窗口的个数和显示提示信息,answer 为用于存储输入数据的单元数组。
- answer = inputdlg(prompt,title):title 确定对话框的标题。
- answer = inputdlg(prompt,title,lineNo):参数 lineNo 可以是标量、列矢量或 m×2 阶矩阵,若为标量,表示每个输入窗口的行数均为 lineNo;若为列矢量,则每个输入窗口的行数由列矢量 lineNo 的每个元素确定;若为矩阵,则每个元素对应一个输入窗口,每行的第一列为输入窗口的行数,第二列为输入窗口的宽度。
- answer = inputdlg(prompt,title,lineNo,defans):参数 defans 为一个单元数组,存储每个输入数据的默认值,元素个数必须与 prompt 所定义的输入窗口数相同,所有元素必须是字符串。
- answer = inputdlg(prompt,title,lineNo,defans,Resize):参数 Resize 决定输入对话框的大小能否被调整,可选值为 on、off。

4. 列表选择对话框

列表选择对话框允许用户从指定的列表中选择一个或多个项目,函数为 listdlg。

语法格式：

[selection,ok] = listdlg('PromptString', '列表提示信息','SelectionMode','single','ListString','str','ListSize','大小','Name','标题','OKString','确认','CancelString','取消')

其中，selection 为一个矢量，存储所选择的列表项的索引号；ok 为选项序号；"列表提示信息"为字符串；single 为单项，可用 multiple（多项默认值）替换；str 为列表项字符数组；"大小"为整型数值；"标题"为对话框标题字符串；"确定"和"取消"均为按钮名称。除 Liststring 外，其他属性均为可选项。

例如：

str = {'示例内容';'绘制二维图形';'绘制三维图形';'绘制网格图';'绘制曲面图'};
[selection,ok] = listdlg('PromptString','选择一个函数:','SelectionMode','single','ListString',str,'OKString','确认','CancelString','重置')

结果如图 8.72 所示。

5. 信息提示对话框

信息提示对话框用于显示提示信息，函数为 msgbox，其调用格式有以下几种：

- msgbox(message)：打开信息提示对话框，显示 message 信息。
- msgbox(message,title)：title 确定对话框标题。
- msgbox(message,title,'icon')：icon 用于显示图标，可选图标包括 none（无图标，默认值）、error、help、warn 或 custom（用户定义）。

图 8.72 列表设计结果

- msgbox(message,title,'custom',icondata,iconcmap)：当用户定义图标时，icondata 为定义图标的图像数据，iconcmap 为图像的色彩图。
- msgbox(…,'creatmode')：选择模式 creatMode，选项有 modal、non-modal 和 replace。
- h = msgbox(…)：返回对话框句柄。

6. 问题提示对话框

问题提示对话框用于回答问题的多种选择，函数为 questdlg，其调用格式有以下几种：

- button = questdlg('qstring')：打开问题提示对话框，有三个按钮，分别为 Yes、No 和 Cancel，questdlg 用于确定提示信息。
- button = questdlg('qstring','title')：title 确定对话框标题。
- button = questdlg('qstring"title','default')：当按回车键时，返回 default 的值，default 的值必须是 Yes、No、Cancel 之一。
- button = questdlg('qstring','title','str1','str2','default')：打开问题提示对话框，有两个按钮，分别由 str1 和 str2 确定，qstring 确定提示信息，title 确定对话框标题，default 必须是 str1 或 str2 之一。
- button = questdlg('qstring','title','str1','str2','str3','default')：打开问题提示对话框，有三个按钮，分别由 str1、str2 和 str3 确定，qstring 确定提示信息，title 确定对话框标题，de-

fault 必须是 str1、str2、str3 之一。

7. 进程条

进程条用于图形方式显示运算或处理的进程，函数为 waitbar，其调用格式有以下几种：
- h = waitbar(x,'title')：显示以 title 为标题的进程条，x 为进程条比例长度，其值必须在 0 到 1 之间，h 为返回的进程条对象句柄。
- waitbar(x,'title','creatcancelbtn','button_callback')：在进程条上使用 creatcancelbtn 参数创建一个撤销按钮。在进程中按下撤销按钮，将调用 button_callback 函数。
- waitbar(…,property_name,property_value,…)：选择由 property_name 定义的参数，参数值由 property_value 指定。

8. 警告信息对话框

警告信息对话框用于提示警告信息，函数为 warndlg。
语法格式：

```
h = warndlg('warningstring','dlgname')    % 显示 warningstring 信息；dlgname 用于确定
                                            对话框标题；h 为返回的对话框句柄
```

【例 8-25】建立 4 种对话框并进行显示。
程序命令：

```
errordlg('输入错误,请重新输入','错误信息');
helpdlg('帮助对话框','帮助信息');
warndlg('商场的所有地方不能吸烟','警告信息');
prompt = {'请输入你的名字','请输入你的年龄'};
title = '信息';
lines = [2 1]';
def = {'卓玛尼娅','35'};
answer = inputdlg(prompt,title,lines,def);
```

运行效果如图 8.73 所示。

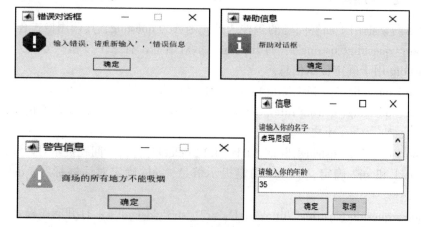

图 8.73　对话框设计结果

【例8-26】常用对话框的的使用。

程序命令：

```
data = 1:64;
data = (data. * data)/64;
msgbox('这是一个信息对话框!','用户定义图标','用户',data,hot(64))
str = {'工业自动化','信息通信工程','机械与车辆工程'};
[s,v] = listdlg('PromptString','双击选择图形格式','SelectionMode','single',
'ListString',str,'Name','专业选择列表','InitialValue',1,'ListSize',[230,100]);
imgExt = str{s};
h = waitbar(0,'请等待....');
for i = 1:10000
    waitbar(i/10000,h)
end
button = questdlg('你的选择是:','请选择按钮','确定','退出','忽略','确定');
```

运行结果如图8.74所示。

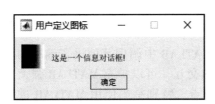

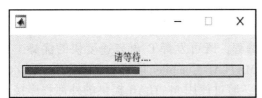

图8.74 常用对话框的使用

第 9 章

MATLAB 与其他程序的调用

9.1 MATLAB 与外部数据和程序交互组件

9.1.1 应用程序接口介绍

MATLAB 与外部数据和程序的交互是指：在 MATLAB 中调用其他语言编写的代码；在其他语言里调用 MATLAB 代码。通过与其他编程的交互，可以扩充 MATLAB 强大的数值计算和图形显示功能，且可避开其执行效率较低的缺点。特别是当使用 MATLAB 进行大规模循环数据处理时，系统执行速度慢，降低了效率，此时可使用其他高级编程语言进行算法设计，然后在 MATLAB 中调用，这能大大提高数据处理效率。

例如，将 MATLAB 与 C 语言的联合编程，既可发挥 C 语言速度快的优势，又可利用 MATLAB 的矩阵运算和绘图功能。目前，MATLAB Compiler 能将 M 函数转换成 C/C++ 代码（目前版本不能对脚本.m 文件进行转换），通过使用 MATLAB 提供的外部程序接口 API 来完成与其他语句的调用。

C 语言调用 MATLAB 语言是通过 MATLAB 引擎执行代码，并最终获得执行结果。使用 C 语言创建 MATLAB 引擎时，通过头文件 engin.h 以及动态链接库文件来配置相关环境即可。另一种调用方案是将.m 文件编译成动态链接库.dll 文件，但程序运行时仍需要 MATLAB Compiler Runtime（MCR 是 MATLAB 的一个编译器环境，该编译器运行时包含一套组件和库）的支持。

9.1.2 交互文件

1. 外部程序 MEX 文件

MEX(MATLAB Executable)是 MATLAB 调用其他语言编写的程序或算法接口，MATLAB

解释器能自动加载和运行该文件，就像调用内部函数一样在程序中直接调用，将用户开发的 C 或 Fortran 子程序编译成 MEX 文件，以便在 MATLAB 环境中直接调用或链接这些子程序，将算法用在 .m 文件中。通过 MEX 文件也可直接对硬件进行编程，完成与 MATLAB 的算法交互。

MEX 文件的具体应用如下：

（1）对于某些已经存储的 C 或 Fortran 子程序，可以通过 MEX 方式在 MATLAB 环境中直接调用，而不必重新编写相应的 .m 文件。

（2）对于影响 MATLAB 执行速度的 for、while 等循环，可以编写相应的 C、Fortran 子程序来完成相同的功能，并编译成 MEX 文件，从而提高运行速度。

（3）对于一些需要访问硬件的底层操作（如 A/D、D/A 或中断等），可以通过 MEX 文件直接访问，克服 MATLAB 对硬件访问功能不足的缺点，从而增强 MATLAB 应用程序的功能。

2. 数据输入输出接口 .mat 文件

.mat 文件是 MATLAB 数据存储默认的存储文件格式，MATLAB 文件与其他编程环境的数据交换是通过 .mat 文件来实现的。以 .mat 为扩展名的文件是以二进制形式存储的标准格式，它由文件头和数据变量组成。文件头包括版本信息、操作平台信息和文件创建时间，是一个文本文件，可用任意文本编辑器打开查看。数据变量类型包括字符串、矩阵、数组、结构和单元阵列，它以字节流的方式顺序地将数据写入 .mat 文件中保存，可直接用 save 命令存储为 .mat 文件。使用时，用 load 命令把保存的 .mat 文件数据读取到内存中即可。

3. 计算引擎函数库

MATLAB 引擎函数库是系统提供的与其他语言程序交互的函数库，相当于 MATLAB 提供的一组接口函数，它允许在本系统中调用，并作为一个计算引擎使用，用户可在自己的应用程序中对 MATLAB 函数进行调用，使其在后台运行，完成复杂的矩阵计算，简化前台用户程序设计的任务。前台客户机可以采用诸如 Visual C++ 之类的通用编程平台，通过 Windows 操作系统的动态控件与服务器 MATLAB 通信，向 MATLAB Engine 传递命令和数据信息，并从 MATLAB Engine 接收数据信息，完成较复杂的数值计算、分析和可视化任务。工作时，不需要 MATLAB 完全与程序相连，只需要一小部分引擎函数库相连即可，在用户启动 MATLAB 引擎时，通过引擎函数库中提供的函数完成启动和终止 MATLAB 进程、传输数据及数据处理命令，从而能节省大量系统资源，使应用程序整体性能更好。因此，MATLAB Engine 可以简化应用程序的开发，取得事半功倍的效果。

例如，用 C 语言或其他语言完成矩阵运算或计算傅里叶变换是非常烦琐的，而使用了 MATLAB 计算引擎之后，仅几行语句即可完成，MATLAB 相当于一个高效编程的数学函数库。结合其他高级语言循环处理快、图像界面编程简单的优点，可以编写既有美观界面又有矩阵处理的应用程序，这种多语言开发模式，将极大地缩短开发周期。使用 MATLAB 引擎无须进行特别的系统配置，在一般情况下，对 MEX 文件的系统配置完成后，引擎系统就可以对程序进行编译，生成独立可执行的应用程序，此时可在脱离 MATLAB 的执行环境下运行。

4. 通过 ActiveX 完成调用

ActiveX 是一类自动化技术的总称，属于一种支持组件集成的 Microsoft Windows 协议。

通过 ActiveX 技术，可以将不同环境下开发的组件集成到一个应用环境。ActiveX 属于组件对象模型（COM）的子类。COM 为所有的 ActiveX 对象定义了对象模型，每个 ActiveX 对象支持一定的接口，包括不同的方法、属性和事件。

MATLAB 支持两种 ActiveX 技术：ActiveX 控制器和 ActiveX Automation。ActiveX 控制器可以将不同的 ActiveX 控制集成在一个应用中，而 ActiveX Automation 是一种允许一个应用程序（客户端）去控制另一个应用程序（服务器端）的协议。因此，它允许 MATLAB 控制其他 ActiveX 组件或者被其他 ActiveX 控制。当 MATLAB 控制其他 ActiveX 组件时，MATLAB 就作为一个客户端；当 MATLAB 被其他 ActiveX 控件控制时，MATLAB 就作为一个服务器端。通过 ActiveX，MATLAB 和其他软件平台之间可以建立客户机服务器体系结构，方便彼此交互。

5. 使用 Mideva/Matcom 环境

Mideva/Matcom 提供了一种实现混合编程的方法，可将 MATLAB 的.m 文件转换为.c、.cpp 源代码以及.dll 和.exe 文件的功能。Mideva 是一个集成的调试编辑环境，Matcom 是 Mideva 的内核，它是一个基于 C++ 的矩阵函数库，用于.m 文件与 CPP 文件的转换。Matcom 还可以看作一个矩阵数学库，可以是复数矩阵、实数矩阵、稀疏矩阵甚至 N 维矩阵。该库共有 500 多个函数，涉及线性代数、多项式数学、信号处理、文件输入和输出、图像处理、绘图等方面。大多数函数原型类似于 MATLAB 函数。Matrix.h 是将一些常用的 MATLAB 函数封装成 C++ 库文件，以适合于对 C/C++ 语言比较熟悉的用户使用。

Mideva 提供了近千个 MATLAB 的基本功能函数，通过必要的设置就可以直接实现与 C++ 的混合编程，也不必再依赖 MATLAB。同时，Mideva 还提供编译转换功能，能够将 MATLAB 函数或编写的程序转换成 C++ 形式的动态链接库，实现脱离 MATLAB 环境。Mideva 不仅可以转换独立的脚本文件，而且可以转换嵌套脚本文件，功能相当强大。但 Matcom 不能支持 struct 等类的参数运算，而且部分绘图语句无法实现或得不到准确图像，因此不宜绘制三维图像。

6. 使用 MATLAB 的数学库

MATLAB 提供了大量用 C/C++ 重新编写的 MATLAB 库函数，包括初等数学函数、线性代数函数、矩阵操作函数、数值计算函数、特殊数学函数、插值函数等，可以直接供 C/C++ 语言调用。因此，利用 MATLAB 的数学库，可以在 C++ 中充分发挥 MATLAB 的数值计算功能，并且可以不依赖 MATLAB 软件运行环境。

9.2　MATLAB 调用 C 程序

使用 MATLAB R2018b 调用 C 或 C++ 程序时，需要安装 MinGW – w64 C/C++ 编译器。安装步骤如下：

（1）在 MATLAB 菜单中选择"附加功能"下的"获取附加功能"，找到"MInGW – w64"，获得 MATLAB Support for MinGW – w64 C/C++ Cpmpiler。

(2) 按照提示，在附加功能资源管理器中下载 MinGW – w64 C/C++ 编译器。安装时，注意选择 32 位还是 64 位，最好按照默认路径安装，否则在使用时可能会报错。

(3) 进入 MATLAB R2018a 的主页面，在窗口输入：

```
>> mex - setup C++
```

则显示：

```
MEX 配置为使用'MinGW64 Compiler(C++)' 以进行 C++ 语言编译。
警告:MATLAB C 和 Fortran API 已更改,现可支持
    包含 2^32 - 1 个以上元素的 MATLAB 变量。您需要
    更新代码以利用新的 API。
    您可以在以下网址找到更多的相关信息:
    https:// www.mathworks.com/ help/ matlab/ matlab_external/ upgrading - mex -
files - to - use - 64 - bit - api.html。
```

当出现以上信息，就说明已经安装成功。打开网址，可以获取更多的帮助信息。

【例 9 – 1】使用 C++ 编写计算两个数的积程序，并保存为 mulxy.cpp，在 MATLAB 环境中运行结果。

步骤如下：

(1) 使用 C++ 编辑器（或文本编辑器）编写程序命令，并保存为 mulxy.cpp 文件。

程序命令：

```
#include "mex.h"                                           //头文件必须包含 mex.h
double mexSimpleDemo(double *y,double a,double b);         //C++ 声明,调用第一个参数返
                                                             回结果
//从 C++ 语言到 matlab 变换,以 mexFunction 命名
void mexFunction(int nlhs,mxArray *plhs[],int nrhs,const mxArray *prhs[])
{    double *y;
    double m,n;
    m = mxGetScalar(prhs[0]);                              //获取输入变量
    n = mxGetScalar(prhs[1]);                              //获取输入变量
    plhs[0] = mxCreateDoubleMatrix(1,1,mxREAL);            //获取输出变量的指针
    y = mxGetPr(plhs[0]);
    mexSimpleDemo(y,m,n);                                  //调用子函数
}
//C++ 语言函数
double mexSimpleDemo(double *y,double a,double b)
{
    return *y = a*b;
}
```

(2) 将该文件放入 MATLAB 路径下运行（一般放入 .\matlab\r2018b\bin）。输入程序命令：

```
>>mex - setup C++
>>mex mulxy.cpp
```

显示：

使用'MinGW64 Compiler(C++)'编译。MEX 已成功完成。

(3) 调用参数：

>>mulxy(15.24,4.76)

返回结果：

ans = 72.5424

(4) 说明。

mexFunction 函数没有返回值，它通过 plhs 的返回值把结果传回 MATLAB。

语法格式：

void mexFunction(int nlhs, mxArray * plhs[], int nrhs,const mxArray * prhs[]) { }

其中：

- nlhs：nlhs = 1，说明调用语句的形式参数仅有一个 y；nrhs = 2，说明调用语句有两个形式参数，y 和 a。
- plhs：plhs 是一个数组，其内容为指针，该指针指向数据类型 mxArray。因为形式参数只有一个变量，即该数组只有一个指针，plhs[0]指向的结果会赋值给 y。
- prhs：prhs 和 plhs 类似，因为函数有两个自变量，即该数组有两个指针，prhs[0]指向了 y，prhs[1]s 指向 a。prhs 是 const 的指针数组，即不能改变其指向内容。

MATLAB 最基本的单元为 array，可以有多种类型（如 double array、cell array、struct array 等），所以 a、b、y 都是 array，plhs 和 prhs 都是指向 mxArray 类型的指针数组。

【例9-2】使用 C 程序编写程序，输出两个数的最大值，并保存为 maxmin.c，在 MATLAB 中运行结果。

步骤如下：

(1) 建立 maxmin.c 文件。

```c
#include "mex.h"                                    //头文件必须包含 mex.h
//C 算法程序声明,在最后调用时,第一个参数是返回结果
double mexSimpleDemo(double *y,double a,double b);
//C 语言到 MATLAB 变换,也一般以 mexFunction 命名
void mexFunction(int nlhs,mxArray *plhs[],int nrhs,const mxArray *prhs[])
{   double *y;
    double m,n;
    m = mxGetScalar(prhs[0]);                       //获取输入变量的数值大小
    n = mxGetScalar(prhs[1]);                       //获取输入变量的数值大小
    plhs[0] = mxCreateDoubleMatrix(1,1,mxREAL);     //获取输出变量的指针
    y = mxGetPr(plhs[0]);                           //获取结果
    mexSimpleDemo(y,m,n);                           //调用子函数
}
//C 语言函数
double mexSimpleDemo(double *y,double a,double b)
```

```
}
    return *y = (a > b)? a:b;
}
```

（2）运行结果。

mexmaxmin.c

显示：

使用'MinGW64 Compiler(C++)' 编译。

MEX 已成功完成。

（3）调用参数：

```
>>maxmin(12.89,-10.211)
ans =    12.8900
```

【例 9-3】使用 C 程序编写程序，求两个数组的和与差，并保存为 mix.cpp，在 MATLAB 中运行。

步骤如下：

（1）编写 C 程序：

```
#include "mex.h"
void mexFunction(int nlhs,mxArray *plhs[],int nrhs,const mxArray *prhs[])
{ double *p_c,*p_d;
  double *p_a,*p_b;
  int c_rows,c_cols,d_rows,d_cols,numEl,n;
  mxAssert(nlhs ==2 && nrhs ==2,"Error:number of variables");
  c_rows =mxGetM(prhs[0]);        //获取 c 行
  c_cols =mxGetN(prhs[0]);        //获取 c 行
  d_rows =mxGetM(prhs[1]);        //获取 d 行
  d_cols =mxGetN(prhs[1]);        //获取 d 行
  mxAssert(c_rows = =d_rows && c_cols = =d_cols,"Error:cols and rows");
  //创建输出缓存
  plhs[0] =mxCreateDoubleMatrix(c_rows,c_cols,mxREAL);
  plhs[1] =mxCreateDoubleMatrix(c_rows,c_cols,mxREAL);
  //得到缓存的数值
  p_a =(double *)mxGetData(plhs[0]);
  p_b =(double *)mxGetData(plhs[1]);
  p_c =(double *)mxGetData(prhs[0]);
  p_d =(double *)mxGetData(prhs[1]);
  //计算 a = c + d;b = c - d;
  numEl =c_rows *c_cols;
  for(n =0;n < numEl;n ++)
  {  p_a[n] =p_c[n] +p_d[n];
     p_b[n] =p_c[n] -p_d[n];
  }
}
```

（2）在 MATLAB 中运行：

```
>> mex mix.c
使用'MinGW64 Compiler(C)' 编译。
```

MEX 已成功完成。

（3）调用参数：

```
>> A=[3 4 -1.54];B=[3.1415 -9 10.8];
>> [C D]=mix(A,B)
```

（4）结果：

```
C =   6.1415   -5.0000    9.2600
D =  -0.1415   13.0000  -12.3400
```

参 考 文 献

[1] 姜增如. MATLAB 在自动化工程中的应用 [M]. 北京：机械工业出版社，2018.

[2] 薛定宇，陈阳泉. 控制数学问题的 MATLAB 求解 [M]. 北京：清华大学出版社，2007.

[3] 曹戈. MATLAB 教程及实训 [M]. 2 版. 北京：机械工业出版社，2016.

[4] [美] Katsuhiko Ogata. 控制理论 MATLAB 教程 [M]. 王诗宓，王峻，译. 北京：电子工业出版社，2012.